ちくま文庫

したたかな植物たち

あの手この手の㊙大作戦

【春夏篇】

多田多恵子

筑摩書房

したたかな植物たち

あの手この手の㊙大作戦

春夏篇

目次

秋冬篇　目次

したたかな植物たち

あの手この手の㊙大作戦　春夏篇

イラスト　江口あけみ

はじめに

植物はじっとして動かない。人間を含めて動物たちに、踏みつけられ、引っこ抜かれて、食べられる。そんな植物たちの生き方をひたすら受け身と思うのは、しかし、とんだ的はずれである。もの静かな植物たちも、コンピューター・ゲームのピクミンたちと同様、本当は「闘う」存在だからだ。

この本は、身近な植物たちのあっと驚く私生活を紹介する、サイエンス暴露本（？）である。ことごとく植物は、道端の小さな雑草たちでさえ、それぞれの環境の試練を克服し、厳しい競争を勝ち残り、より多くの子孫を世に送り出すために、数々の巧妙なテクニックを進化させてきた。光センサーに開閉装置、振動感知型発射装置、毒の化学兵器、アリの傭兵……。花は甘い蜜や騙しを駆使して実を結び、種子は風や動物を操り時空を超えて旅に出る。まあ、まずは楽しく読んでいただきたい。

主人公の植物たちに関連して、寄生、共生、性の進化、他種との共進化など、広く生物の相互作用や進化の仕組みについても、最近の興味深い話題を盛り込んだ。難しい用語や表現を避け、誰にでも読みやすく解説したつもりである。

植物たちはしたたかに、そしてけなげに生きている。動けないからこそ、植物はさまざまな環境条件や競争相手や外敵と絶え間なく闘い続け、生きるための多種多様なテクニックを獲得してきた。この本を読んで、植物たちを彼らの立場から温かく理解してもらえたらと願う。私たち人間の、植物とのかかわりの歴史とその未来についても考えていただけたら本望である。

多田多恵子

昭和タンポポ合戦

思い出の中に咲くタンポポと、いまのタンポポは違う花?!
すみかを奪われた愛らしい花は、エイリアンの侵略によって、
このまま人知れず消えてしまうのか?

愛らしい名の由来は

日ごとに太陽はその輝きを増し、木々の枝先も淡い緑に光り出す。季節は春。暖かな陽光を集めて、タンポポが咲いた。

幼い子どもがいちばん最初に覚える花。野道の傍らはもちろん、都会のアスファルトのすき間からも咲く親しみ深い花。それが、タンポポだ。

来種？　それともすり替わったエイリアン？

セイヨウタンポポ　里山に咲くタンポポ。これは幼なじみの在

愛らしい名である。漢字で「蒲公英」と書くのは、漢名をそのまま使ったもの。「たんぽぽ」という音は日本で生まれた呼び名で、由来にはいくつかの説がある。花を横から見たときの形が鼓《つづみ》（の半分）に似ている、あるいは茎の両端を細かく裂いて水につけると放射状に反り返って広がり鼓のような形になること（39ページ参照）から、鼓の音でタン、ポ、ポ。昔の子どもは鼓のことをこう呼んでいたらしい。古くは鼓草《つづみぐさ》の名でも呼ばれていた。

丸い綿毛の穂をたんぽ（布に綿を丸く包んだもので稽古槍の先につける）に見立てて、「たんぽ穂」。

古名の「田菜」に、ほほけた穂という意味で、たなほほ、たんぽぽ。

語源はどうあれ、愛らしい響きは花のイメージにぴったりだ。

いつのまにかエイリアンが

花を摘み、綿毛を吹いて飛ばした遠い記憶。タンポポは郷愁を誘う花でもある。

だが、子どもの頃の「タンポポ」と、いま目の前に咲いている「タンポポ」は、もしかしたらまったくの別人かもしれない。懐かしい幼なじみは、同じ笑顔を装ったエイリアンによって、知らぬ間にとって替わられてしまったかもしれないのだ。

エイリアンを見破る術《すべ》はある。次頁の写真で、花のつけねの部分（**総苞**《そうほう》）を見比べてみてほしい。左はカントウタンポポ。右がセイヨウタンポポである。日本**在来種**であるカントウタンポポの総苞片（総苞の一枚一枚）は、瓦状に重なり合っている。それに対して、ヨーロッパからやってきた外来種であるセイヨウタンポポは、総苞片がくるりと反り返っている。

日本在来のタンポポについて説明しておこう。在来種のタンポポはなんと十数種類もある。そのうち、平地に生えて黄色い花を咲かせる種類としては、北から順にエゾタンポポ、カントウタンポポ、トウカイタンポポ、カンサイタンポポなどがあり、それぞれ花の大きさや総苞片の形などが少しずつ違っている。このうち染色体の数が違い、繁殖の仕組みも異なっているエゾタンポポを除き、それ以外の種類を以後はまとめて「在来タンポポ」と呼ぶことにしよう。

セイヨウタンポポ

セイヨウタンポポ
ヨーロッパ原産の外来種。総苞《そうほう》片が反り返るのが特徴。都市やその周辺、新興住宅地、幹線道路、機械化の進んだ田畑の周辺などに多い。

カントウタンポポ

カントウタンポポ
日本原産の在来種のタンポポのひとつ。総苞片は反り返らず、先端に角のような形の小突起がある。里山の野原や古い公園などで見られる。

在来タンポポは、変異が大きい上に中間的なものも多く、分類が難しい。というのも、ひとつの祖先種からいくつかの新しい種が分かれて生じる過程を「種分化」というが、タンポポはまさに種分化の真っ最中にある植物群だからだ。

在来タンポポは自然度の高い場所に生育する。そのひとつであるカントウタンポポは東京および関東西部に分布するが、「カントウタンポポの咲く公園」が謳い文句になるほど、都内の自生地は減っている。西日本に行くとカンサイタンポポが見られる。カントウタンポポやエゾタンポポに比べて全体にほっそりとした感じで花びらの数も少ない。本州中部の太平洋側にはトウカイタンポポが分布している。

加えて、ミヤマタンポポやクモマタンポポなど高山性の種類もあり、これらは低温や凍結といった高山特有の環境に適応した生態的特性を獲得している。

ちなみに東京でタンポポといえば黄色のイメージだが、場所によっては白花ばかりというところもある。シロバナタンポポは本州関東西部以西および四国、九州に分布する在来種のタンポポで、花は白から薄いクリーム色、総苞片は反り返ったように少し外向きに開くのが特徴だ。東京でも大きな公園や古くから続く川の堤防などで見かけることがある。

危機とチャンスと

セイヨウタンポポが日本にやってきたのは明治時代初期頃。放牧している乳牛に食べさせるために、北海道の牧場に導入したのが始まりだという（葉や茎を切ると白い乳液が出ることから、西洋では牛に食べさせると乳の出がよくなると信じられていたらしい）。セイヨウタンポポは、しだいに全国各地に見られるようになった。

セイヨウタンポポに似て実が赤茶色のアカミタンポポも、ヨーロッパ原産の外来種で、セイヨウタンポポにまじって日本に侵入している。

さて、セイヨウタンポポが爆発的に増えたのは、昭和30〜40年代、いわゆる高度成長時代である。野山にブルドーザーが入って林や野原が消えると、そこはもう、埃《ほこり》っぽいコンクリートと鋼鉄とアスファルトの空間に変わってしまう。のど

在来タンポポは長年のどかな田園環境に暮らしてきた。写真は岐阜県中津川市の野道に咲く**トウカイタンポポ**。

カントウタンポポ　２倍体種。総苞片の先に小突起。

トウカイタンポポ　２倍体種。総苞片の突起が目立つ。

日本の在来タンポポ

在来タンポポは、白花（シロバナタンポポ）と黄花に分けられる。黄花種のうち、エゾタンポポは３倍体種（在来種だがクローンの種子をつくる）、それ以外は２倍体種である。平地性の２倍体種は地方変異が大きく、かつて多数の種に分ける見解もあったが、現在は大きく一つの種とみなし、地方による違いは亜種や変種のレベルとする考えが一般的だ。

カンサイタンポポ　２倍体種。花は小さく、小突起はない。

エゾタンポポ　３倍体種。花は大きく、総苞片は瓦状。

シロバナタンポポ　５倍体種。花は白く総苞片は開出。

かな野道も車が忙しく行き交う舗装道路に姿を変える。在来タンポポの咲いていた場所はことごとく掘り返され、まったく異質な環境に造り変えられてしまったのだ。これが、在来タンポポにとっては消滅をもたらし、セイヨウタンポポにとっては願ってもない繁殖の大チャンスとなった。

漫画の『サザエさん』を見ると、昭和20年代頃までは、通りの電柱に牛がつながれていたり、庭先で山羊や鶏を飼っていたりと、東京23区内にものどかな田園情緒が残っていたことがわかる。あちこちに雑木林や田畑があり、夏にはでこぼこ道の上をオニヤンマが行き来し、秋にはモズの高鳴きが響いていた。

私の母の実家は東京・杉並区の荻窪だが、近所の田んぼで秋はイナゴ捕り、春にはつくし摘みが、家族総出の恒例行事だったという。その頃の子どもたちが手をつないで歩いた野道には在来タンポポが咲いていたに違いない。

平成狸合戦ならぬ、昭和タンポポ合戦。急速に消えゆく自然とともに、身近な花であった在来タンポポも、宮崎駿アニメのぽんぽこ狸と同じ運命を辿ったのだ。

交替劇の舞台裏

この交替劇は、在来タンポポとセイヨウタンポポの、いったいどのような違いに起因していたのだろうか。

これらのタンポポを見比べても、外見上の明瞭な違いは総苞の形だけである。だが、生態的な性質はさまざまな違いがある。セイヨウタンポポは、

①春だけでなく、夏から冬も開花結実し、多数のタネをつける
②タネは在来種に比べて軽く、遠くまで飛ぶ
③タネの発芽温度域は幅広く、いつでも発芽できる
④成熟が早く、小さな個体でも開花する
⑤一年を通じて葉を広げ、光合成を行う

これらをまとめれば、セイヨウタンポポは空き地ができればたちまち芽生え、すぐ育ってたくさんのタネを広く飛ばすということになる。

さらに、染色体数や生殖上でも大きな違いがあった。セイヨウタンポポは、

タンポポの「花」は、じつは多数の花（小花）の集合体である。だから花が終わると、パラシュートをつけた実が多数みのり、まん丸の綿帽子ができる。綿帽子だけ見ても外来種と在来種の区別は難しい

カントウタンポポの綿帽子

セイヨウタンポポのクローン軍団　長野県の牧場地帯で、道路わきのセイヨウタンポポが実をつけた。パラシュートをつけた無数の実は、すべて親のクローンというわけだ。風が吹くたびに、クローン軍団は一斉に飛び立ち、領土拡大の使命を帯びて新天地を目指す。

セイヨウタンポポの綿帽子

アカミタンポポの綿帽子

カントウタンポポ(左)とセイヨウタンポポ(右)の実　綿帽子は同じように見えても、実をひとつとって比べてみると、カントウタンポポの方が大きい。重量にして2倍以上の差があり、軽いぶん、セイヨウタンポポの方が遠くまで飛ぶ。

⑥ 染色体数の面で3倍体である
⑦ 無融合生殖によってタネをつくる

ということである。

セイヨウタンポポは、3セットの染色体をもつ「**3倍体**」である。在来タンポポも含めて普通の生物は、父方と母方から1セットずつもらうので2セット、つまり「**2倍体**」である。それが3セットということになると、精細胞や卵をつくろうとしても、減数分裂がうまくできず、正常な花粉や卵(植物の場合は**胚珠**《はいしゅ》という)ができない。実際、セイヨウタンポポの花粉を顕微鏡で見ると、大きさはばらばら、形もいびつ。授精能力もない。

在来タンポポをはじめ、サクラもネコもイヌも人も、雌(雌しべ)がつくった卵細胞と雄(雄しべ)がつくった精細胞が合体してはじめて子どもができる。だが、3倍体は同じ方法では子をつくれない。それでも何とか子をつくるためにセイヨウタンポポが編み出した解決策、それが「**無融合生殖**」である。

無融合生殖とは、**有性生殖**に対する無性生殖の一型で、雌しべの体細胞が減数分裂や受精という過程を経ず、そのまま育って種子になることをいう。性という生物の基本路線をまるで無視して、単独で子をつくってしまうのである。じつにお手軽な子づくりである。結婚相手の存在も必要なければ、子宝をもたらすコウノトリ（虫）もいらない。たった1人からでも、どんどん子を生んで増えることができるのだ。緑が乏しく、結婚相手も虫も身近にいない都会で暮らすには願ってもない利点である。

それだけではない。理論上も無融合生殖には大きな利点がある。増殖スピードが、性を介する通常の生殖（有性生殖）に比べ、2倍の速さになるのだ。

こう考えれば直感的に理解できよう。雄と雌が交配して子をなす有性生殖では、雌は生涯に2匹以上の子を産まないと次世代以降の個体数を維持できないはずである。生まれてくる子の半分は、子を産めない雄だからだ（人間も同様だ）。ところが無融合生殖をする場合は、生まれてくる子もすべて子を産める雌なので、雌は1匹の子を産めば次世代以降も個体数が維持できることになる。

つまり、数を増やすという点で見れば、無融合生殖の方が2倍、有利なのだ。

赤の女王仮説——無性生殖のアキレス腱

子づくりに伴う面倒がいっさいいらない無性生殖。しかも増殖するスピードは、有性生殖の2倍ときている。じつに手軽で、なんだかいいこと尽くめのように思えるが、もちろんそうは問屋が卸すはずもなく、無性生殖にもアキレス腱はある。

すべての個体が同じ遺伝子をもつクローンであるということは、病気が流行したり環境が変化した場合に同じ運命をたどることになり、全滅の危険性が高い。

減数分裂や受精を経る「性」という仕組みは、別の言い方をすれば、雄と雌の遺伝子をランダムに混ぜ合わせる過程である。

植物や動物は、世代時間が長くて変化に時間がかかるのに加え、細菌やウイルスと違ってDNA配列の複製エラーを修復する機構が発達しているために遺伝子自体も突然変異を起こしにくい。もちろんこのことは優秀な子孫を残すには好都合なのだが、一方、病原体への対抗進化という面では、どうしてもスピードの遅れにつながってしまう。突然変異だけではとうてい病原体の攻撃に対処しきれないのである。

ものすごいスピードで突然変異を繰り返して攻撃してくる細菌やウイルスなどの病原体に対し、長い進化の時間を通じて抗い続けるためには、植物も動物も、遺伝子の組み合わせを有性生殖を介して自在に変え続けることによって、抵抗性に変異をもたせる必要があったと考えられるのである。

こうした「病原体への対抗進化」こそが「性」の進化を促した最大の理由であるという学説は、『鏡の国のアリス』の一節から「赤の女王仮説」と呼ばれている。「ここではだね、同じ場所にとどまるだけで、もう必死に走らなきゃならないんだよ。そしてどっかよそに行くつもりなら、せめてその倍の速さで走らないとね！」（『鏡の国のアリス』ルイス・キャロル著・山形浩生訳）赤の女王の台詞である。倍のスピードで増殖を続ける無性生殖生物に対し、有性生殖生物が進化という生き残りレースで互角に競い続けるためには、どこかに倍以上のメリットがなくてはならないのだ。

ドクダミも日本のものは3倍体で、やはり無融合生殖を行うことが知られている。ただし、3倍体の植物がすべてそうではなく、たとえば日本ではヒガンバナやニホンスイセンやシャガもすべて3倍体からなるが、いずれも花が咲いても実を結ばない。その代わり、これらの植物は球根や地下茎で栄養繁殖を行うことによって、クローンを増やしている。

ショウジョウバカマ　ユリ科の多年草。花は早春に咲き、赤紫で美しい。実やタネもできるが、葉の先端に小さな芽ができ、これが根を下ろして増える。

生まれてくる子の性質に違いがないならば、無融合生殖をするセイヨウタンポポは、有性生殖をする在来タンポポなど、たちまち蹴散らしてしまうはずなのだ。

無融合生殖によってつくられた種子やそれが育った娘植物は、完全に親と同一な遺伝子をもつ。つまり「**クローン**」である。親とルックスも性質も同じだから、親が成功した場所で育つ子どもにも同様の成功が約束される。芸能界に二世が多いのと同じ原理か。

『西遊記』の孫悟空は、毛を抜いてはふっと吹いて、自分の分身を出した。セイヨウタンポポもクローン種子を飛ばして分身を増やし、都会に進出したのである。

一方、在来タンポポは、虫が別の株の花粉を運んできてくれないと結実できない。そのため、都市化が進んで緑地面積が小さく分断され、結婚相手も「コウノトリ」も少なくなると、残された株の結実率も下がり、急速に数を減らしていった。

在来タンポポの真の敵

在来タンポポとセイヨウタンポポの交替現象は、両者が存続をかけて戦った末に在来タンポポが負けたかのように説明されることがある。かくいう私も「タンポポ合戦」と書いた。だが本当のところは、在来タンポポはセイヨウタンポポとの直接対決に敗れたというよりは、都市化という環境変化の波、いいかえれば時代の波に負けたといった方がよい。

自然度の高い里山や川の土手、緑の多い公園（たとえば小石川植物園や京都府立植物園）などでは、いまなお在来タンポポが健在だ。こういう場所には、広々とした草地が長年にわたって、人の手が適度に加えられることによって維持されている。しかも、夏になれば木々や草むらが繁って地面に光が届きにくくなるような環境である。

在来タンポポには、夏になると葉を自ら枯らす（**夏眠**する）性質がある。夏場に陰になるような草地（つまり自然度の高い環境）では、これは葉の呼吸によるむだなエネルギー消費を抑えることになり、有利に働く。冬から春に十分な光さえ得られれば、夏は草葉の陰でも生活できるというわけだ。

夏眠をしないセイヨウタンポポは、一年中かんかん照りが続くコンクリートや

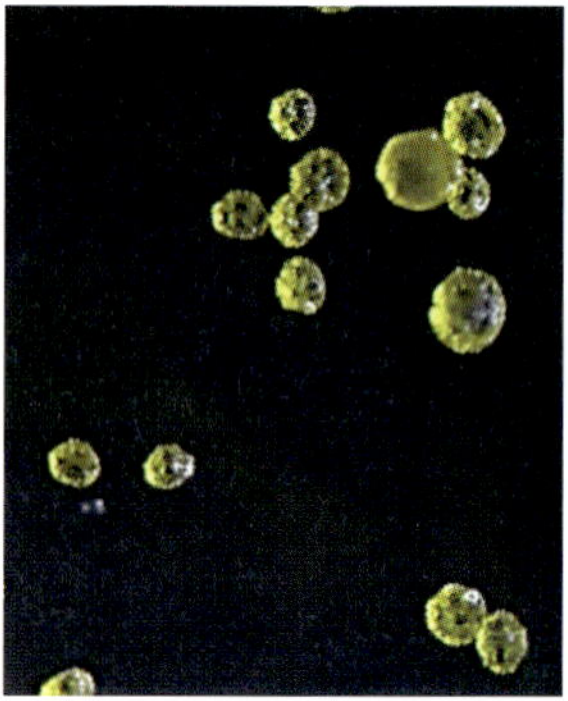

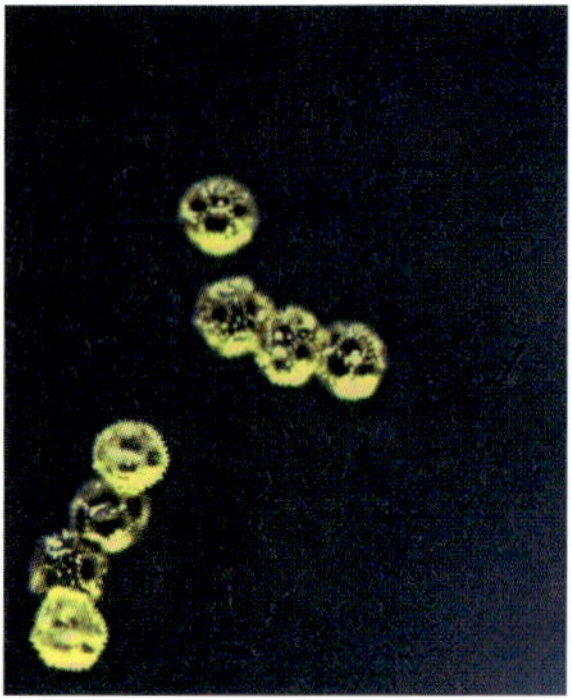

セイヨウタンポポ（左）とカントウタンポポ（右）の花粉
3倍体であるセイヨウタンポポの花粉は大小不ぞろいだが、2倍体のカントウタンポポの花粉は粒がそろっている。

カントウタンポポの花はハチなどの昆虫が別の株の花粉を運んでくることで実を結ぶ。写真はハナバチの一種。

カントウタンポポの花の多様性

２倍体のカントウタンポポは遺伝的な変異が大きく、花の形も株によって異なる。江戸後期から明治にかけては150を超える色変わりや変化咲きの品種がつくられていた。

アスファルトの空間では有利だが、自然度が高くなると日が当たらない葉の夏季の呼吸消費がかさんで逆に弱ってしまうのである。

雑種ができていた!

話はそれだけでは終わらなかった。

セイヨウタンポポは3倍体、在来タンポポは2倍体なので、まず交雑など起こるはずがないと思われていた。ところが1990年代後半になって、両者の雑種の存在が明らかになった。

じつは、3倍体のセイヨウタンポポにも、ごく低い確率ではあるが、授精能力のある正常な花粉ができてくる。それが在来タンポポの花の雌しべに運ばれて実を結べば、雑種のタンポポが生まれることになる。

誰も気がつかないうちに、そんな事態が進行していたのである。両者の中間的特徴をもつ雑種タンポポがあちこちで見つかるようになった。

さらに驚くべきことに、「セイヨウタンポポ」と思っていたものも、その大部分は、日本の在来タンポポの遺伝子をさまざまなレベルでとりこんだ「雑種」であることがわかってきた。見た目だけでの判断は難しいが、分子生物学の技法を使えば雑種かどうかを判別できる。

「雑種性セイヨウタンポポ」は、交雑によって在来種の遺伝子をとりこみ、本来の性質を超える能力を得て、在来種のものだった生育環境をも侵略している。そしてクローンのタネを無数に飛ばし、さらに分布域を広げているという。雪も泥ものみこんで膨れ上がる雪だるまのように、雑種性セイヨウタンポポは潜在能力を広げてモンスター化し、のどかな野辺をもおおいつくしてしまうのか。

さて、あなたのまわりでいま咲いているタンポポは、どっち……？　都市の広がりとともに勢力を広げるセイヨウタンポポ？　人と自然の調和の中で生きてきた在来タンポポ？　それとも両者の遺伝子のまじり合った雑種タンポポ？　そして未来の子どもたちは、どんな花を見て育つことになるのだろう……？

その鍵を握っているのは、自然の大切さに気づきはじめた私たち自身である。

カントウタンポポ、雑種タンポポ、セイヨウタンポポ
在来タンポポと外来タンポポの混生地域では交雑が起きる。写真で中央２つは中間的な形態で、雑種個体と推定される。さらに、外見はセイヨウタンポポでも、ＤＮＡを調べるとその大半が在来タンポポとの雑種であることが判明している。

タンポポの乳液は天然ゴム
葉や茎から出る白い乳液の成分は天然ゴム（ラテックス）で、空気に触れるとべとついて固まる。この性質を利用して、タンポポは傷口を保護し、葉を食べた虫の口を固めてさらなる摂食を防いでいる。根の部分にゴムを高濃度で含むロシアタンポポは、実際に栽培され、車のタイヤなどの製品開発に向けて実用化が進んでいる。

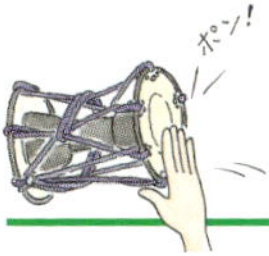

タンポポ鼓のつくり方

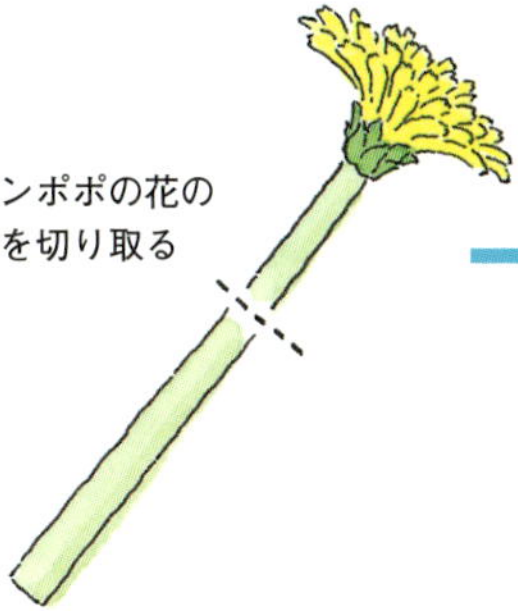

タンポポの花の
茎を切り取る

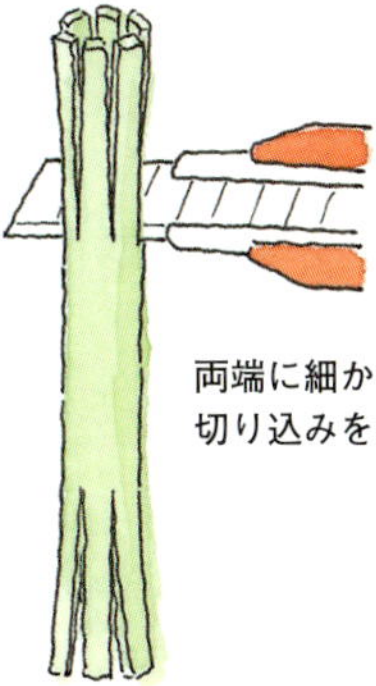

両端に細かく
切り込みを入れる

水につけると

鼓のできあがり！

水車にもなるよ！

サクラソウの教え

「我が国は　草も桜を咲きにけり」　小林一茶
江戸時代には身近なサクラソウ。自生地は消えつつあり、種子が実らなくなっている……。可憐な花の周辺で何が起きているのか？

サクラソウの危機

埼玉県さいたま市田島ヶ原。荒川の河川敷に広がる公園の一角の湿原に、国の特別天然記念物として保護されているサクラソウの自生地がある。4月中旬、湿原はピンクの濃淡に彩られる。

可憐な花である。花びらの先が割れて桜の花を思わせるのが名の由来。かつては隅田川や荒川のほとり一面に群れ咲き、花の時期には江戸市中の人々が遠足がてらに赴き、野辺に咲く「草の桜」の花見を楽しんだという。

江戸時代には栽培も流行した。人々は変わり咲きの花を野に探し、また品種間の交配を重ねることによって、数多くの品種を競ってつくり出した。しかし華やかで育てやすい外来の園芸植物が続々と入ってくると、在来のサクラソウ（**外来種**と区別して日本サクラソウと呼ぶこともある）を栽培する人は少なくなった。

野生のサクラソウは昭和中期頃までは日本各地で普通に見られる身近な野の花だったが、河川改修や開発が進むにつれて自生地は急速に狭められ、いまでは環境省のレッドデータにリストアップされている。残された貴重な自生地でも、園芸目的の採取や周辺環境の変化もあって、個体数は激減している。

田島ヶ原の保護区も安泰とはいえない。花は多数咲くものの結実率は低く、群落を維持するのに十分な種子が供給されていないからである。**多年草**とはいえ、このままでは個体数は年々減少していく一方である。

国の特別天然記念物・田島ヶ原のサクラソウ自生地　さいたま市の荒川河川敷にあり、花の見頃は例年４月中旬。後方に群れ咲くレモン色の花はトウダイグサ科のノウルシ。

サクラソウの花には、株ごとに、雌しべが長い**ピン型**（左）と、雌しべが短くて雄しべが上に来る**スラム型**（右）がある。実を結ぶには相互に花粉の交換が必要となる。

野生のサクラソウの花色や形は株によって少しずつ違う。その違いから、地下茎でつながる一株の範囲が見てとれる。

花に2型があるわけは？

サクラソウは、サクラソウ科サクラソウ（プリムラ）属の多年草で、地下茎で株が分かれて広がる。花の色や花びらの形は株によって微妙に違うので、株が広がっていても、どこからどこまでが一個体なのかをおおよそ見てとることができる。サクラソウをはじめ、この属の花には特殊な仕組みがある。その仕組みを、花が大きな外来の園芸種プリムラ・ポリアンサで見てみよう。花を上からのぞいたとき、株によって、花筒の真ん中に丸く雌しべの頭が見えている花と、花筒の外縁にぎざぎざした雄しべの縁取りがある花があることに気づくはずだ。

花を切って広げてみると、前者は、雌しべが長くて雄しべが筒の中間に隠れているタイプで、これを「**ピン型**」または「長花柱花」という。後者は、雄しべが筒の上縁にあって雌しべが短く隠れているタイプで、これを「**スラム型**」または「短花柱花」という。ピンは虫ピン、スラムは布の織端の意味である。花の色と型の間に相関はない（51ページ）。

サクラソウ属の仲間は、どれも「**異型花柱性**」をもち、「**2型花**」をつける。園芸種のプリムラ・ジュリアンにも、プリムラ・メラコイデスやプリムラ・オブコニカにも、そしてもちろん日本のサクラソウにも、ピン型の花とスラム型の花がある。

でも、花になぜ、2型があるのだろう。

どちらの型になるかは、株ごとに遺伝的に決まっている。そして、どちらの花も、自分とは違う型の花と花粉を交換しないと結実できない。同じ型の花粉が雌しべについても、一種の自己認識機構が働いて、精細胞を卵に送り込む通路となる**花粉管**が伸びず、受精に至らないのだ。

これは**自殖**《じしょく》（自分の花粉で受粉すること）を避ける機構である。自殖は虚弱な子を生みやすく、また続ければ遺伝的に均質な集団になり、環境変化や病気で全滅する危険を招きかねない。

そもそも生物全般に見られる「性」も、自殖を避けるために進化してきた仕組みといえる。しかし植物の場合は、同一個体の中に雌雄の機能をあわせもつため、

サクラソウの花にとまるトラマルハナバチ。この姿勢から花の細い筒に口を入れて蜜が吸えるのは、長い口の持ち主でリピート率の高いマルハナバチ類だけだ。茅野市にて。

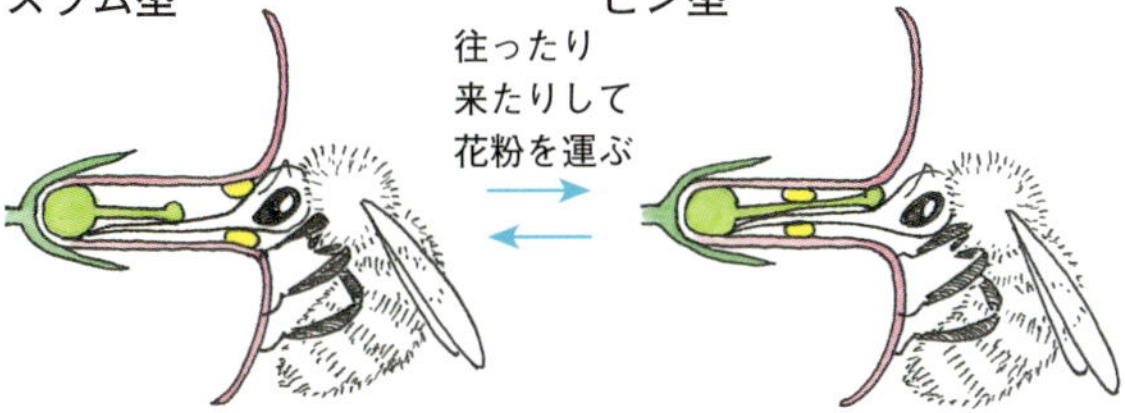

スラム型の花の雌しべは、ピン型の花の花粉を受け取る。同時に、スラム型の雄しべはハチの口の基部に花粉をつける。

ピン型の花の雌しべは、スラム型の花の花粉を受け取る。同時に、ピン型の雄しべはハチの口の先の方に花粉をつける。

撮影に成功！
茅野市の自生地で、トラマルハナバチが花から口を引き抜いた瞬間を撮影することに成功した。ハチの口の異なる位置に、はっきりと2カ所に分かれてサクラソウの花粉が付着している。

自殖の可能性と常に隣り合う。そこでサクラソウ属の植物は、花の2型というい わば独自の「性」を開発して、巧妙に自殖を避けているのである。

田島ヶ原の現状と未来

話を田島ヶ原にもどそう。なぜ、田島ヶ原では種子が実らないのだろうか。

野生のサクラソウの花粉を運ぶキューピッドはマルハナバチだ。サクラソウの花筒の長さは、**マルハナバチ**の口（正確には中舌という。普段はしまっているが、蜜を吸うときに長く伸びる）の長さにぴったり合っている。この丸っこいむく毛のハチが花の筒に口を差し込んで蜜を吸うとき、口に花粉が付着する。

しかし、ピン型とスラム型では花粉のつく位置が違う。そして一方の雄しべの位置はもう一方の雌しべの位置にぴたりと合致するのである（47ページ）。サクラソウの花はこうして花粉をハチの口の異なる部位に付着させ、的確に意中の相手に届けてきた。

ところが、人間の大繁殖が花のもくろみを狂わせた。自生地周辺の開発や農薬散布により、マルハナバチが姿を消し、花粉の交換が途絶えてしまったのだ。想定外の緊急事態。これが田島ヶ原で結実率が低下した原因だった。

最近、田島ヶ原のサクラソウ群落に、本来はほとんど見られないはずの「等花柱花」、つまり雄しべと雌しべの長さが等しいタイプの花が突然変異として出現し、その割合が少しずつ増えているという。等花柱花は同花受粉によって実を結び、虫なしでも種子がつくられる。マルハナバチのいない田島ヶ原で、サクラソウが自ら授粉するという戦略に転じたとも言えるが、これは単純に喜んでいいことなのだろうか……。

どうすればサクラソウの生活を守れるのだろうか。サクラソウの繁殖にはマルハナバチの存在が必要だ。そしてマルハナバチが生活していくためには、巣づくりに借用するノネズミの古巣や、春から秋までリレーのように咲きつないで食糧の蜜や花粉を供給する花々（それもマルハナバチの体格や好みや行動に花の大きさや色や形を合わせて共に生きてきた、昔ながらの野の花々）の存在が不可欠なのだ。

また川の氾濫によって維持されてきた湿原も、堤防が整備された現在は、放置

日本の野生のサクラソウの仲間

ハクサンコザクラ　本州の高山に咲き、花は径約２cm。

ユキワリコザクラ　高山植物で葉は粉白色。花は径１cm。

クリンソウ　山の湿った草地に生え、花が何段もつく。

ヒナザクラ　東北地方の高山に特産。花は白く径１cm。

発見！　この花たちにも２タイプがある

プリムラ・ポリアンサ　左がスラム型、右がピン型。サクラソウの仲間の園芸植物で、花が大きいので観察しやすい。

ソバ（タデ科）　蕎麦の原材料であるソバも異型花柱花。左は雄しべの長いタイプ（スラム型に相当）、右は雌しべの長いタイプ（ピン型に相当）。ハエやハチが花粉を運ぶ。

すれば背の高い草や木が育ってきてサクラソウを覆ってしまう。セイタカアワダチソウやオオブタクサなど、大型の外来植物も侵入してくる。だから野焼きや除草などといった人為的介入も必要だ。

サクラソウに限らない。何かの植物を絶滅から救おうとするのなら、単にその自生地を柵で囲って保護すればいいというわけではない。その植物が生きていく過程でどのようにほかの植物や動物と関わるのかを知ったうえで、それらを含めた生育環境全体を守る（守るべき環境がすでに失われているのなら、人間が手を加えたり、再構築したりする）ことが必要なのだ。

美しい園芸種のプリムラは、2型花という花の仕組みに野生時代の痕跡をかすかに残し、人に飼われて咲く。かつては存在していたはずの虫や動物とのつながりも、とうに断ち切られて久しい。

だが、サクラソウは野生の花だ。これからもずっと野で生き続けていてほしい。その未来は虫や動物や花、そして私たち自身の明るい未来ともつながるはずなのだから。

スミレの繁殖大作戦

日本には50種以上のスミレが自生し、一大王国を築いている。ハチのために形を変え、アリのためにはオプションを用意、果ては自力でも大奮闘！　その繁殖技をのぞいてみると……

一口にスミレといっても

春は目まぐるしい。日ごとに花は移り変わり、木々の緑は濃さを増す。光り輝く春の日は、小鳥のさえずりに耳を傾けながら緑の中を歩いてみたい。愛らしいスミレの花も、きっと足元で微笑みかけてくれるはず。

日本産のスミレ属はおよそ50種、変種まで含めれば100種以上に及ぶ。単に

里の野原に咲くスミレ　濃い紫が高貴な印象の美しいスミレ。総称としてのスミレとまぎらわしいので、学名から「マンジュリカ」と呼ぶ人もいる。人里近くの明るい野辺に咲く。

園芸植物のパンジーやビオラもスミレの仲間で、ヨーロッパの野生種からつくられた。花の正面顔、似てるでしょ？

パンジーも花の背後をよく見ると、スミレ属共通の「距《きょ》」がある。

パピリオスミレは北アメリカ原産の園芸種。

スミレという名の種類もあるため、スミレというと、スミレの仲間全体を指す場合と単一の種類を指す場合とがあって、まぎらわしい。そこで、単一種としてのスミレを指すときに限って学名のマンジュリカで呼ぶ人もいる。

「すみれ色」といえば濃い紫色を指すが、実際の花色はかなりバラエティに富む。都会の公園や近郊の野山でも、イメージどおりの紫色をしたスミレ（マンジュリカ）やヒメスミレ、藤色のタチツボスミレ、紅紫色のシハイスミレ、白いツボスミレ（別名ニョイスミレ）やマルバスミレ、淡いピンクのエイザンスミレなどを見ることができる。黄色い花もある。夏山で出会うオオバキスミレやキバナノコマノツメなどだ。

生活場所にもバラエティがある。明るい野辺に限らず、林の中、湿地、海岸砂丘、高山の岩礫《がんれき》地など、種類によってずいぶん違う。全体の形を見ても、茎がごく短くて葉や花が根元から出るタイプ（マンジュリカやノジスミレなど）と、花後に茎が高く伸びるタイプ（タチツボスミレやツボスミレなど）がある。

スミレの仲間は、さまざまな環境に適応して、多種多様に進化してきたグループなのだ。

花壇を彩るパンジーやビオラも同属で、ヨーロッパに分布する数種の野生スミレを改良してつくられた。北米原産で茎がワサビ状になるパピリオスミレとビオラ・ソロリアも栽培され、市街地周辺では野生化もしている。

どこまで伸ばす長〜い鼻

スミレ類の花の特徴は、左右相称をなす5枚の花びらと、後方に長く突き出た筒状の「距《きょ》」。力学的に見れば、距は横向きにつり下がる花が前後にバランスを保つためのおもりでもある。

距には雄しべの一部が入り込み、蜜をためる。花には主にハナバチの仲間が訪れて、口を距に差し込んで蜜を吸う。このとき、距の入り口付近で待ち受けている雄しべや雌しべが口に触れて、ハチは花粉を運ぶことになる。パンジーやビオラの花も、裏返してよく見ると、親指の形をした太く短い距がある。

距の長さは、タチツボスミレで6〜8㎜、ほかの種類もほぼ似たような長さで

タチツボスミレ

マキノスミレ

アリアケスミレ

ナガハシスミレ

オオバキスミレ

ツボスミレ（ニョイスミレ）

日本の野生のスミレの仲間

マルバスミレ

エイザンスミレ

キバナノコマノツメ

サクラスミレ

アケボノスミレ

アオイスミレ

ある。ところが、日本海側の山に生えるナガハシスミレの距は、なんと1〜2・5cmもある。まるで天狗の鼻のようなので、別名テングスミレという。よほど口の長い昆虫でないと、ナガハシスミレの花の蜜は吸えないはずだ。実際、この花を訪れるのは、昆虫の中でもとりわけ長い口をもつビロードツリアブである。

スミレ類のほかにも、距はさまざまな花に見られる。インパチエンスやヒエンソウの花にもある。ラン科でも、サギソウやフウラン、ウチョウランなどには細長い距がある。自然界で、これらの花を訪れて蜜を吸うのは、長いストロー状の口をもつチョウやガ、ツリアブ、あるいは舌を長く伸ばすことができる**マルハナバチ**の仲間である。

マダガスカルには距の長さがじつに30cm（！）を超す野生ラン（62ページ写真）がある。たった1種類のスズメガだけが、この花の蜜を吸うことができる。そして、そのスズメガの口の長さは、花の距の長さと完全に合致しているのである！

口が距より短ければ、虫は蜜に届かない。虫の口の方が長ければ、虫は雄しべや雌しべに触れることなく蜜を吸ってしまうから、花は花粉をうまく運ばせられない。虫はより多くの蜜を吸おうと口を長くする方向に進化し、植物は虫の口の長さに応じてさらに距の長さを伸ばす方向に進化する。

その結果、前記のランのように、植物と花粉を運ぶ昆虫の間で「長くする」競争が限りなくエスカレートしてしまうことがある。そんな進化のしかたを、走り出したら止まらないという意味で**ランナウェイ**と呼んでいる。

ナガハシスミレの場合、まだそんな泥沼状態にまでは至っていないようだ。でも今後、さらに特定の相手との結びつきが深まれば、「鼻」がどんどん長～く伸び～る、という可能性だってあるのだ。

咲かないつぼみの謎

初夏、花を終えたスミレに、また小さなつぼみが出ることがある。楽しみに待っていても咲かぬまま実になって、あれ？　と首をかしげる。そんな経験はないだろうか。

↑長い口をもつ**キサントパンスズメガ**。アングレクムの花を見たダーウィンが存在を予言したことで有名だ。

←マダガスカルの着生ラン、**アングレクム・セスキペダレ**。糸状に垂れるのは蜜をためた長い距で、長さ最大30cmになる。

果てしなきランナウェイ

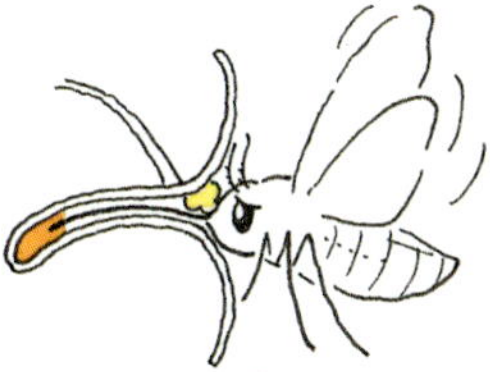

虫の口が短いと、
虫は少ししか蜜を吸えない。

でも長い口をもつ虫は、
より多く蜜を吸えて、
より多くの子孫を残せる。
そして虫の口は長く伸びる。

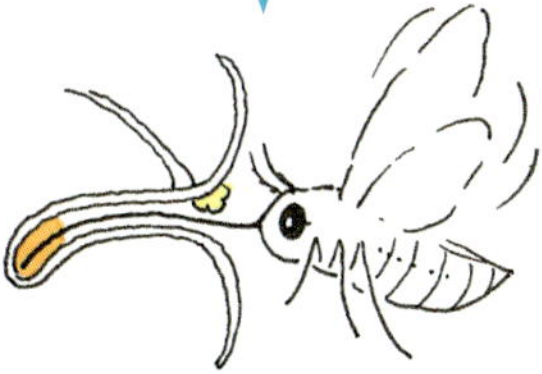

虫の口が長く伸びると、
花は蜜だけ吸われて
花粉を運んでもらえない。

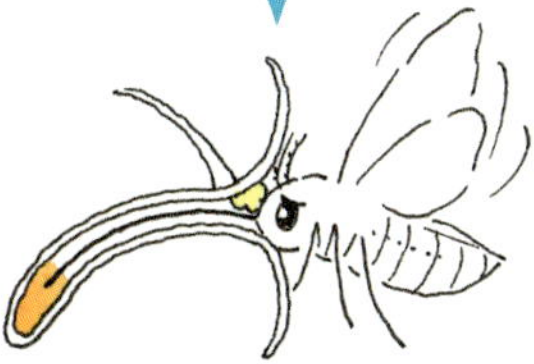

花の距が長く伸びる。
虫は少ししか蜜を吸えない。

最初に戻る

このつぼみの正体は、花びらが退化した「閉鎖花《へいさか》」である。つぼみの形に閉じたままの花の中で、なんと、雄しべの花粉から伸びた花粉管は葯《やく》（花粉を入れている袋のこと）の壁を貫き、直接雌しべの中にある胚珠《はいしゅ》（卵細胞、つまりタネのもと）に到達して受精する。実を結ぶ率もほぼ100％と、普通の花（閉鎖花に対して開放花と呼ぶ）に比べて桁違いに高い。

つかの間の春に咲き、虫に花粉を運んでもらわねばならない開放花は、結実率も約30％程度と低い。対照的に、閉鎖花は秋遅くまで次々につくられ、ほぼ100％実を結ぶ。確実に大量の種子をつくり出すのだ。

閉鎖花は経済的にも「安上がり」である。虫を誘うための美しい花びらや甘い蜜も、閉鎖花にはつくる必要がないからだ。閉鎖花は、花粉を運ぶ手間も設備投資のコストもいっさい省いて最大の種子生産をめざす、営利主義の花といえよう。

開放花の実と閉鎖花の実は、よく注意すれば、見分けることができる。実のてっぺんにはめしべの柱頭のなごりがついている。その部分が長く突き出ているのは開放花からつくられた実だ。閉鎖花の柱頭は短いので、実のてっぺんの突起

（柱頭のなごり）もごく短い。

スミレの仲間はたいてい閉鎖花をつける。スミレ以外でも、閉鎖花をつける植物としては、ホトケノザ、キキョウソウ、ミゾソバ、ヤナギタデ、ヤブマメ、センボンヤリなどが、さまざまな分類群にわたって知られている。共通点としては、明るい場所に生えて雑草的な性質がある、といえよう。一年草もしくは寿命の短い多年草が多い。翌年にどうしても種子という形で子孫を残さねばならない状況で生きている、ということだ。閉鎖花は、確実に子孫を残すべく植物たちが編み出した、巧みな裏技なのである。

だが、いいこと尽くめでもない。閉鎖花の子づくりは、自らの花粉で受精するという、いわば極端な「近親結婚」なので、生まれてくる種子の性質は親に似通ったものになる。同じ環境で生き続けるのには適しているが、新しい環境に移住して成功する可能性は少なくなる。環境の変化についていきにくく、病原菌にやられて全滅する危険性も高い。さらに子孫に遺伝的な弊害が生じる可能性もある。これらのマイナス面を補うためにこそ、スミレは手間やコストをかけてもなお、

ナガハシスミレの長い距から蜜を吸う**ビロードツリアブ**。蜜を吸うとき、口は体長と同じ長さに伸びる（写真 田中肇）。

ジロボウエンゴサクの蜜を吸う**ビロードツリアブ**。花の色や形がスミレと似ているのはパートナーが共通だから。

ビロードツリアブ

スミレの実　スミレは秋まで次々に実を結ぶ。春の花を咲かせた後は、つぼみの形をした閉鎖花が多数の実をつくる。

春の花(開放花)からできた実(上)と**閉鎖花の実**(下)。開放花の実の先端には長い柱頭のなごりが残っている。短ければ閉鎖花由来の実だ。

スミレの閉鎖花　外見はつぼみに見えるが、花びらは退化していて開くことはない。内部で自動的に授粉してほぼ100%実を結ぶ。

美しい花を咲かせ続けてきたのである。

勝手にタネまき

わが家のプランターに、今年もビオラが満開になった。ちょっと花殻摘みをさぼっていると、すぐに実が大きく育ってしまう。いまさら摘むのもかわいそうだし、そうだ、というわけで、71ページの連続写真になった。

若い実ははじめ横を向いているが、熟してくると上を向く。そして晴れた日、実がぱっくりと3つに裂ける。裂けた実は、ちょうど3艘のボートの形になって水平に広がり、それぞれぎっしり満員のタネを乗せている（写真①）。

ところが、客はいつまでもボートに乗っていられるわけではない。太陽の光を浴びるうち、実の皮でできたボートは少しずつ乾いて縮み始め、船幅が徐々に狭まってくる。

じーっと見ていると、ぴんっ！　瞬間の早業で、タネが1粒、飛び出した。乾いてカヌーのように細くなったボートから、もはや定員オーバーになったタネが、

1人また1人と、船の外に弾き出されていく。朝、40個ほどあった種子は、午後3時頃にはほぼ旅立った。1粒だけが飛び損ねたのか、ぽつんと淋しく残っていた。

小学5年生の娘と一緒に、どのくらい遠くまでタネが飛んだか、計ってみた。すると最大140cm（後日、タチツボスミレで計ると、最大195cmだった）。娘の身長をゆうに超えている。動けない小さな植物がこれだけ空間を移動できるとは、うーん、たいしたものだ。

運び屋はアリ、その報酬は？

アオイスミレなど一部の例外を除き、スミレの仲間はみなこうしてタネを飛ばす。開放花も閉鎖花も、実やタネの外見やタネを飛ばす仕組みはほぼ同じである。だが、驚くのはまだ早い。タネにはさらに巧妙な仕掛けが隠されている。

茶色いタネには、白くこんもりした「おへそ」がある。これは専門用語で「**エライオソーム**」とか「**種枕**《しゅちん》」と呼び、形態学的にはタネが実にくっついていた柄

タチツボスミレ　花が終わると茎が立ち上がり、次々に閉鎖花をつけて実を結ぶ。葉の上側につくので観察しやすい。

タチツボスミレの閉鎖花
つぼみ状で花弁や蜜腺は退化。雄しべは１本で花粉も最少限。省エネの極致だ。

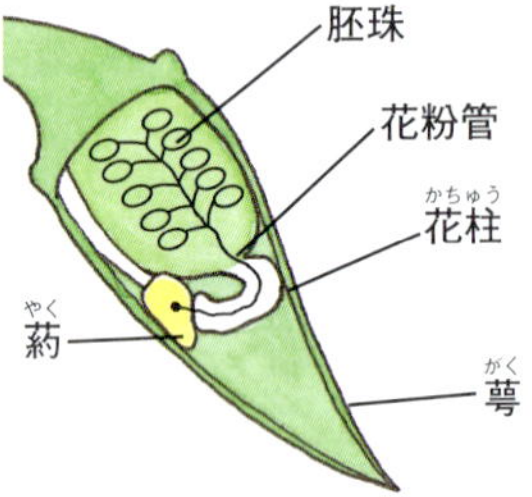

閉鎖花の中では…　雄しべの葯の中から花粉管が伸び、雌しべの中にある胚珠に達して、受精完了！

ビオラのタネまき　朝40個あったタネは、果皮が乾くにつれてひとつずつ弾き出され、午後3時にはほぼ全員旅立った。

タチツボスミレの裂開した実とタネ。左は**閉鎖花**、右は**開放花**のもの。先端に長い柱頭の残存があれば開放花の実で、閉鎖花由来の実では短い。タネの数も違う。タネの白い塊はエライオソームで、開放花のタネでは相対的に大きい。

の部分、いうなればへその緒に当たるが、その目的は要するに商品にセットされた「おまけ」である。誰に何を売るための？　といわれればもちろん、アリに種子を「売る」ための。

スミレが用意した「おまけ」の主成分は、アリの好物である脂肪酸である。甘いエサに釣られて、アリはせっせとタネを巣へと運ぶ。苦労しながら、ときには数メートルも運ぶ。そして「おまけ」をかじりとると、残りの部分、つまりタネの本体を、巣の近くの柔らかな地面に捨ててくれるのだ。これぞスミレの思うつぼ。自力では動けないタネを、さらに遠くへと移動させることができたのだから。石垣のすき間によくスミレが芽を出すのは、こうしてアリがタネを運んだからである。

先ほど例外と書いたアオイスミレの場合、実は熟しても平開せず、その場にこぼす。その代わり、日本のスミレの中で一番「おまけ」が大きい。自力で飛ばすのをやめて浮いた余剰資本を、すべて「おまけ」の充実に回したのかもしれない。成果は抜群で、種子本体よりも大きなエライオソームに惹かれて、アリは夢中でタネを運ぶ。

スミレと同じようにアリ向けの「おまけ」をつけたタネは、カタクリ、エンレイソウ、キケマン、ジロボウエンゴサク、クサノオウ、ホトケノザ、ヒメオドリコソウ、ニリンソウなど、幅広い分類群にわたって見られる。おまけ部分の化学成分としてはオレイン酸などの脂肪酸のほか、糖やアミノ酸を含むものもある。キケマンのように種子の大きさの何倍ものエライオソームをつけている植物もある。

これらの植物には、春に咲いて晩春から初夏に実が熟し、林の中や草の間に生えるという共通点がある。そうした場所は、風通しも見通しも悪く、植物は風にタネを飛ばしたり、鳥に食べてもらってタネを運ばせたりすることができない。そんな環境だからこそ、その時期に数が多く、どんなすき間にも目ざとく入りこんで、しかも働き者のアリを運び屋として利用する。なんと巧妙なことか！　いったい、こんなに複雑な仕掛けを、どうやって植物は生み出したのだろう?!

春を可憐に彩るスミレ。でも裏には、つんとした鼻の計算高くしたたかな顔もちらりと見える。愛らしい花の陰にも、生き残りをかけた闘いの歴史が隠されているのだ。

スミレの実（閉鎖花由来）と、タネを運ぶアリ

アオイスミレの実（閉鎖花由来）と、タネを運ぶアリ

スミレの仲間はタネにエライオソームをつけて、弾き飛ばした後にアリにも運ばせている。アオイスミレのように、種子散布を100％アリに任せている種類もある。

アリを種子散布に利用する植物は、カタクリ、キケマン、ホトケノザなど、けっこう多い。端に白い塊がついたタネを見つけたら、ぱらぱらとアリの巣のそばに落としてみよう。わくわくする場面に出合うはずだ。

アリさん宅配便

カタクリ（ユリ科）　自分より大きなタネをアリが運ぶ。

キケマン（ケシ科）　エライオソームはガラス工芸のよう。

ホトケノザ（シソ科）　小さな雑草のタネをアリが運ぶ。

カタバミのハイテク生活

路傍でけなげに生きるちっぽけな雑草たち……。
でも、よくよく観察してみると、数々のセンサーや自動装置などなど、
人間の科学も及ばないほどのハイクオリティ・ライフを楽しんでいる？

カタバミはハイテクの塊

「時間デス、イッテラッシャーイ！」。トークアラームに送られて家を出る。携帯電話から流れてくるお気に入りの音楽。取り出す電子手帳の電源は太陽電池の自動スイッチ。早足で歩きながらタッチペンでスケジュールを書き加える……。精密なハイテク機器に囲まれて、時間軸すらも細分化される人間社会。足元で

花をつけている小さな植物たちのことなど、誰も気にも留めようとしない。

しかし小さな草にも、高度なハイテク技術が搭載されている。

道端や芝生に生える小さな雑草のカタバミも、ハイテクの塊だ。カタバミ科の**多年草**で、5〜10月に径約8㎜ほどの黄色い花を咲かせる。葉は3つのハートが集まった形で、家紋の「片喰紋《かたばみもん》」としてもおなじみだ。葉が緑のものをカタバミ、葉が赤みがかるものをアカカタバミ、中間色のものをウスアカカタバミと呼び分けることもあるが、同じ種類の中での個体差である。

光センサーで開閉調節

花は朝開き、午後に閉じる。薄暗い雨の日は一日中開かない。花にはどうやら「光センサー」が装備されているらしい。花は午前中に活動するハチの生活リズムに合わせて咲き、ハチが活動しない雨の日は閉じて花粉の流出を防ぐのである。

葉も夜に閉じる。3つのハートの合わせ目の部分に、細胞内の水分量を調節して葉を開閉する組織があり、光の量でオンオフを操作する「自動開閉システム」

カタバミは町の小さな隣人。これは葉が赤いタイプ。

葉が緑色のタイプもある。

小さな花だがつくりは繊細。

夜になると葉は閉じる。この形になると懐中電灯で照らしていても見つけにくい。朝に明るくなると葉は開く。

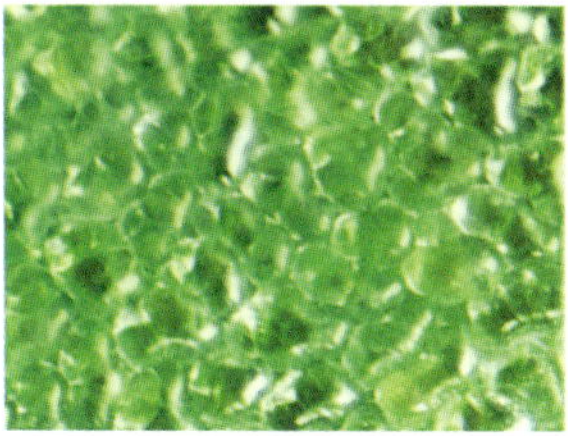

葉の表面の**撥水構造**。顕微鏡で見た葉の表面は、直径約0.05㎜の丸い隆起で覆われていた。これが水を弾く撥水効果を生み、水は水滴となって転がり落ちる。

光センサーと**開閉装置**は小葉の基部（小葉枕）にある。

が働く。葉をきっちりたたんだカタバミは懐中電灯で照らしても見つけづらい。これなら草食動物の目もごまかせる。葉をたたむことで夜間の放射冷却を防いで葉温を保ち、**生合成**効率を上げるという効果ともいわれる（136ページ参照）。

強光を浴びても葉は閉じる。葉温の上昇は急激な**蒸散**を促して水分を不足させ、また過度の強光は呼吸を促進させて光合成の効率を下げてしまう（光呼吸という）。そこで、葉は傘をすぼめたように閉じて受光量を減らし、蒸散と光合成を適正に調節する。

カタバミの名も、葉が閉じると片側が欠けたように見えることから「片喰《かたばみ》」とついたのだという。

振動感知型タネ発射装置

長い花期の間、花は次々と咲いては実を結ぶ。実の形はロケットそっくりで、天に向かって屹立《きつりつ》する。実の中には小さなタネがたくさん詰め込まれており、その一つひとつに、振動感知型の炸烈《さくれつ》装置が装備されている。

タネはそれぞれ、白い袋に包まれて大きくなる。最初のうちこそ袋は中にタネと液体を入れたまま、風船のように大きくスムーズに膨らんでいくが、タネが大きくなるにつれ外側の細胞層の伸びは止まり、内側の細胞層だけがなおも伸び続けようとする。そして、タネが熟す頃には内側の細胞層は無理に押し縮められた状態となる。

そんな時期の実に触れる（振動を与える）と、とたんにピュピュッ、実の中からタネが飛び出してくる。タネのまわりの袋が内外の圧力差に耐えきれなくなり、振動をきっかけに瞬間的に破れて裏返ってしまうのだ。中のタネは文字どおりの巻き添えを食い、実の裂け目から猛烈な勢いで飛び出してくる。

このとき、袋の中に充満していた透明な液体もタネとともに飛び出す。この液体はいわば「瞬間接着剤」。振動を与えた張本人の靴や足にタネを貼りつける。こうして、カタバミはタネを飛ばし、さらに人の移動力をも利用して生活圏を広げていく。

カタバミの実は長さ約1cm。熟すと果皮に縦方向の裂けめができ、そこからタネが飛び出してくる。

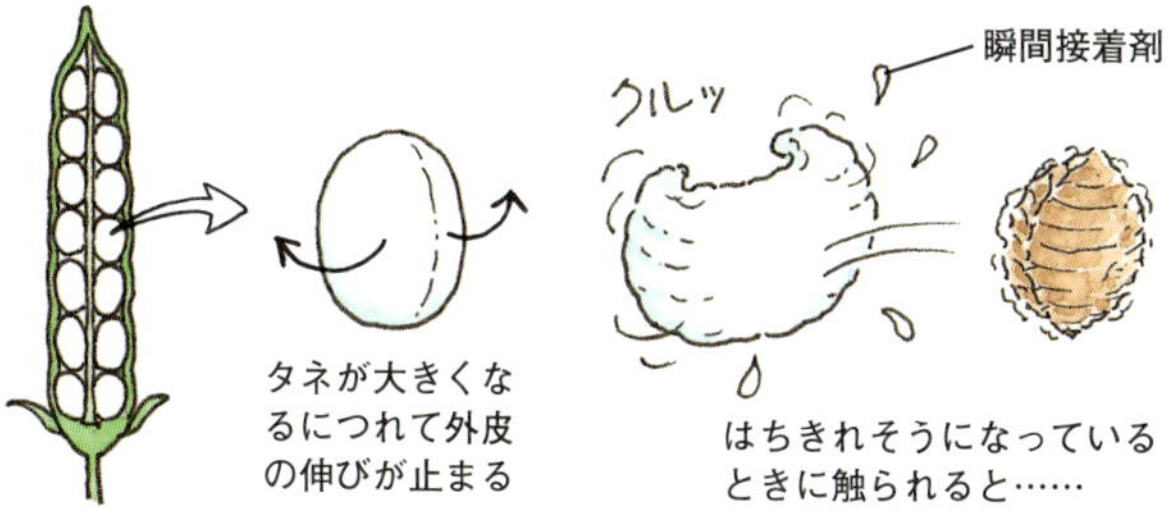

タネの発射装置　膨れた外皮が一気に反転すると、その勢いでタネが実から飛び出す。タネの表面は粘液でぬれている。

タネは果皮の裂けめから斜め上方に飛び、外皮は落下する。

飛ぶ前のタネは半透明の厚い外皮に包まれている。

身を守るのは化学テク

ところで、カタバミは漢字で「酢漿草《かたばみ》」とも書く。葉や茎を噛むと酸っぱい味がするからで、これは全体に酸の一種である**蓚酸**《しゅうさん》を含むことによる。蓚酸の英名もカタバミ属の学名（*Oxalis*）から「Oxalic acid」という。

蓚酸はタデ科のイタドリやスイバ、ギシギシ、ルバーブなどにも含まれている。これらの若芽には酸味があり、山菜として、またルバーブはジャムやゼリーの材料として利用されるが、食べすぎは禁物である。というのも、蓚酸を含む植物を動物が多量に食べると結石を引き起こす可能性があるからだ。蓚酸には、体内のカルシウムイオンと結合してこれを不溶性の結晶にする働きがあるのだ。身を守るための、植物の化学兵器である。

ちなみに、ホウレンソウにも相当量の蓚酸が含まれている。だから、生のホウレンソウサラダは、たまに少しならいいだろうけど、毎日は食べないようにしたい（茹でて煮汁を捨てれば、蓚酸はほとんど流出するので大丈夫）。

昔の人は、蓚酸を含むカタバミの葉を日常生活に活用した。葉を揉んだ汁で銅製の鏡や真鍮のドアノブを磨いたのだ。試しに、ペンダントの鎖や10円玉を磨いてみると、酸の作用でピッカピカになる。弥生時代の人々はきっとこの葉で銅鐸を磨いたのだろう。この汁は疥癬《かいせん》にも効くという。現代なら外来種のムラサキカタバミの大きな葉も同様に使える。

日本に自生するカタバミ属の仲間には、山で春早くに白や淡紅色の花を咲かせるミヤマカタバミやコミヤマカタバミなどがある。

南米原産のムラサキカタバミやイモカタバミは、栽培品が逃げ出して道端や畑地に野生化し、いまでは嫌われ者の雑草と化した。南米および南アフリカにはほかにも美しい花や葉をもつ種類があり、園芸植物として庭や鉢に植えられている。直根《ちょっこん》を伸ばすカタバミに対し、これらはいずれも球根をつくるが、蓚酸を含む点はカタバミ属全体に共通である。

木に育つカタバミ科植物もある。たとえば熱帯果実のゴレンシがそうだ。別名スターフルーツと呼ばれ、最近はスーパーでも見かけるようになった。星形の断

酸っぱさは蓚酸

ムラサキカタバミかカタバミの葉を摘んで……

軸をつぶすと、蓚酸を含む汁が出てくる。

汁で硬貨を磨くと……

ピッカピカになった〜！
蓚酸の力ってすごい！

熱帯果実の**スターフルーツ**もカタバミ科の植物だ。

カタバミの仲間

イモカタバミ　南米原産で栽培品が野生化した。株ぎわにイモができる。花の中心は黄色。種子はできない。

ムラサキカタバミ　南米原産の帰化雑草。小さな球根がこぼれて増える。花の中心は緑色。種子はできない。

ミヤマカタバミ　山の林に生える在来種。花は白か淡いピンクで径２～３㎝。熟すと種子は弾け飛ぶ。

オッタチカタバミ　カタバミによく似た外来種で、茎は這わずに直立する。都市部で急速に増えている。

面をした黄色い果実にはさわやかな酸味があるが、この成分も蓚酸。やはり食べすぎは禁物である。

葉の表面の撥水加工

カタバミの葉は、雨に濡れると水をはじき、可愛い水玉が転がり落ちる。水をはじくことで排水を促し、上向きの葉を水の重みから守っているのだ。

顕微鏡でのぞいてみると、直径0・05㎜ほどの丸い小さな丘のような隆起が葉の表面をびっしりと覆っている。ハスやサトイモの葉にも同様の構造がある。水には表面張力があるので、これらの葉の表面につくと、ミクロレベルの周期的な凹凸によって水滴になるのだ。水滴は、葉の表をころころと転がり、泥や汚れを集めながら滑り落ちる。防汚効果もあるというわけだ。

ハスの学名からこの現象はロータス効果と呼ばれ、工業製品の表面加工技術に応用されている。身近な例として、ヨーグルトが付着しにくい画期的なふた、といえば、ああ、あれか、とおわかりになるだろう。

植物のハイテクに学ぶこと

私たちを取り巻くハイテク技術の進歩はめざましい。ミクロにも、マクロにも、ひたすら膨大なエネルギーを消費しつつ進み続ける技術改革には、驚嘆の声を禁じ得ない。

だが一方で、たかが雑草とさげすまれるちっぽけな草ですら、その生活に目を向けてみれば、まだ人類の英知も技術も遠く及ばない、精巧なテクノロジーが詰まっている。

副産物の騒音も排気ガスも水質汚染もつくらず、逆に光合成という生産過程において酸素を生み出し、空気を浄化しながら小さな体で巧みに生きる植物たちに、私たちは学ぶべき未来がたくさんありそうだ。

タネ飛ばしコンテスト

タネを飛ばす植物は、それぞれに巧みな工夫をもっている。大きく分けると、その原理は2通り。水の圧力を利用するタイプ（膨圧《ぼうあつ》運動型）と、乾いて縮む力を利用するタイプ（乾湿《かんしつ》運動型）である。

カタバミは前者の膨圧運動型。同じ原理でタネを飛ばす植物に、ホウセンカやツリフネソウの仲間がある。この仲間の属名インパチエンスは「耐えられない」の意味。実の分厚い皮は、熟すにつれて水を吸ってパンパンに膨らむが、このとき皮の内外で膨らみ方が逆転するため、熟すと実が「耐えられずに」瞬間的に裂け散り、勢いよくタネを飛ばす。テッポウウリはさらに大胆で、内圧の上昇に耐えられなくなった実は軸を離れながらタネをジェット噴射のようにまき散らす。

乾湿運動型の代表選手はゲンノショウコ。一見カタバミとよく似たロケット型の実は、熟して乾くと裂けて、

テッポウウリ

瞬間的にくるんとまくれ上がり、砲丸投げの要領でタネをぽーんと投げ飛ばす。

　フジやダイズ、カラスノエンドウなどマメ科の莢《さや》も、熟して乾くと2つに裂けてねじれ、その反動でタネを飛ばす。

　このとき響く「ぱちん」という音には鬼も驚いて逃げるというので、節分にはダイズがつきものになったとか。軒に吊すヒイラギの枝には、たいていダイズのはじけた莢も枝ごと結びつけてある。はじけてよじれた莢を霧吹きで湿らせると、見る見るうちに文字どおり、元の莢(!)にもどる。

　タネをひとつずつぷちんぷちんとはじき飛ばすスミレも、やはり乾湿運動を応用している(71ページ参照)。

　それぞれ独自のアイデアでタネを飛ばす植物たち。意表をつく着眼点から工夫を広げる彼らの姿は、まるでアイデアロボット・コンテストのようにおもしろい。

ホウセンカ

タネツケバナ

ゲンノショウコ

マムシグサの性遍歴《ヰタ・セクスアリス》

見るからに不穏なその姿にはたじろぎつつも心惹かれるものがある。
あたかも差し招くがごとき仕草にふらふらと引き寄せられていけば、
そこに待っているのは……。

鎌首をもたげる花

風もさわやかな緑陰の休日。木漏れ日きらめく林の小径で、蛇が鎌首をもたげたような不思議な花に出会った。

その名もずばり、マムシグサ（蝮草）。テンナンショウ（天南星）とも呼ぶ、サトイモ科テンナンショウ属の**多年草**である。地下の芋からぬうっと立つ茎は、毒蛇のマムシそっくりのまだら模様。4〜5月、ひんやりした感触をもつその茎の頂に、鎌首を思わせる花が咲く。

蛇の鎌首と見えるのは、**花序**（花の集まり）を包む葉（**総苞**《そうほう》）が変形したもので、その形から**仏炎苞**《ぶつえんほう》という。その内側には太い花軸が屹立しており、花軸の下部に集まってつく突起の一つひとつが真の意味での花に相当する。花軸の上部は棍棒状に長く伸び、丸い先端が仏炎苞の鎌首からちらりとのぞく。この部分は**付属体**と呼ばれる。

日本に自生する同属植物はウラシマソウ、ムサシアブミ、ユキモチソウ、ミミガタテンナンショウなど、およそ30種類。仏炎苞や付属体の形は種類ごとに異なり、いずれも妖しく個性的だ。山野草として栽培される種類もある。そのほとんどは**蓚酸**《しゅうさん》カルシウムや**サポニン**を含む有毒植物である。

仕掛けられた罠

マムシグサには雄と雌がある。つまり株によって、花がすべて雄花からなる雄

マムシグサの花序（雌株）とその内部　林の下に現れた妖しい姿。外側を包むのは葉が変形した仏炎苞《ぶつえんほう》。その内側に、何の飾りもない小さな花が多数ある。中央の軸は長く伸びて付属体となる。株に雌雄があり、これは雌で、花は雌花。

マムシグサの雄花序
外から見ただけで雄か雌かわかる。仏炎苞の基部に小さな穴（矢印）があるのは雄である。虫の体に花粉をつけた外に出さなくてはならないからだ。

春の新芽はマムシのよう。

雌の花序を上から覗くと、緑色をした雌花の上を小さな羽虫が歩いていた。

株と、雌花だけの雌株に分かれている。実を結ぶのは当然、雌株だけ。雄株から雌株へと花粉が運ばれてはじめて結実に至るわけだが、その過程には恐ろしい花の謀略が隠されている。

まず付属体は特殊なにおいを放つ。人間には感知できないが、においに誘われておもにキノコバエの仲間が訪れる。腐りかけたキノコを食べて幼虫が育つ、体長数ミリ程度の小さな昆虫たちだ。花には蜜も用意されていない。特殊なにおいとはキノコ臭を擬態したもので、キノコバエたちは、どうやら花をキノコとまちがえて交尾や産卵に集まってくるらしい。

花には罠が仕掛けられている。ふらふらと飛んできたキノコバエは、いつの間にか筒状になった仏炎苞の奥深く、突起状の花が集まった底の部分にまで滑り落ちてしまう。意外な展開に虫はあわてて脱出を試みるが、仏炎苞の内壁はつるつる滑って登れない。仏炎苞と花軸のすき間は狭すぎて飛び立つこともできない。中心にそびえる付属体を登ろうにも、中途にはオーバーハングになった「鼠返し」ならぬ「キノコバエ返し」があり、これもよじ登れない。

それでも雄花序に落ち込んだキノコバエは運がいい。出口を探して雄花の上を歩き回るうちに虫は花粉まみれになるが、雄株の仏炎苞の合わせ目には小さなすき間があり、ここからかろうじて脱出することができるからだ。

雄のマムシグサをようやく脱出してきたキノコバエは、しかし、学習することなく再び花の罠にはまる。雌のマムシグサに落ちて、仏炎苞の奥へと誘い込まれた虫は、今度は雌花の上を歩き回ることになる。花の計算どおり、体につけてきた花粉を雌しべにつけながら。そして、再び、脱出口を探す。

しかし、雌の花序には脱出口がない！　仏炎苞の裾はぴっちりと固く合わせられていて、一分の隙もないのだ。哀れにも虫は、巧妙な罠の中で力尽き、死んでいく。雌株の仏炎苞を開いてみると、こうして死んだ虫が何匹も残っている。

マムシグサの花序は、食虫植物のウツボカズラの捕虫嚢に似て見えるが、マムシグサは食虫植物ではない。虫を閉じこめて逃がさず、しかも雨水が中に入らないようにという、ウツボカズラと共通の目的のもとで、似たような姿形に収れん進化したのである。ウツボカズラはタンパク質分解酵素によって虫の体を分解、

① 雄花は災難…

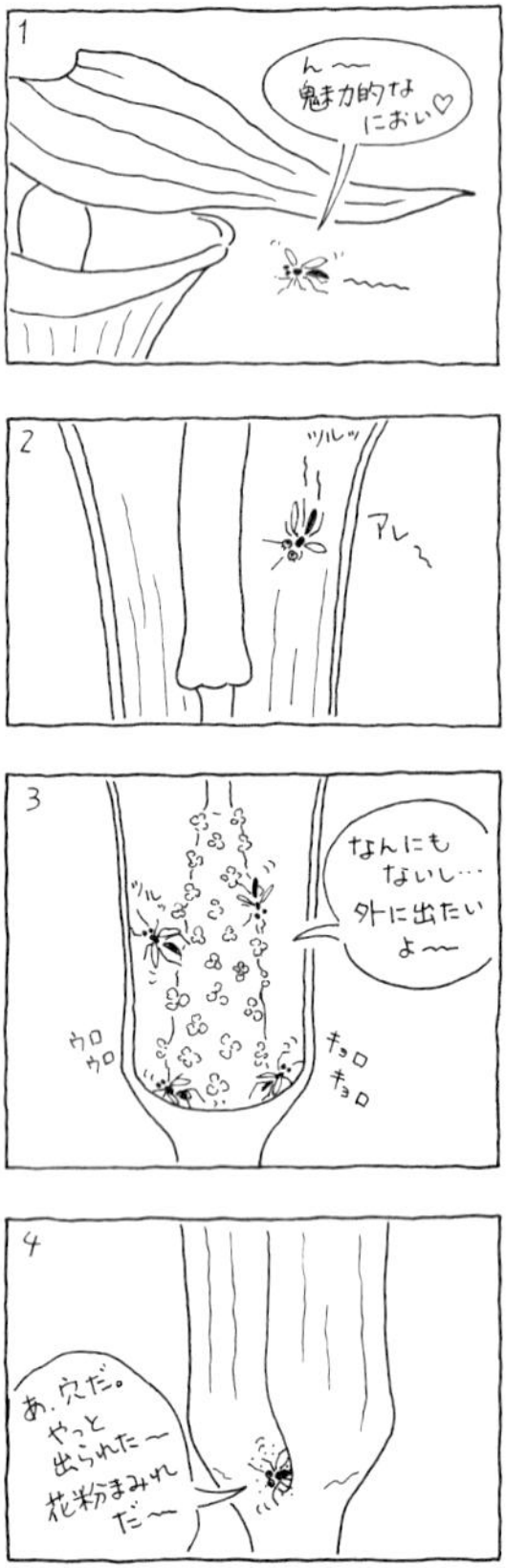

② 雌花は地獄！

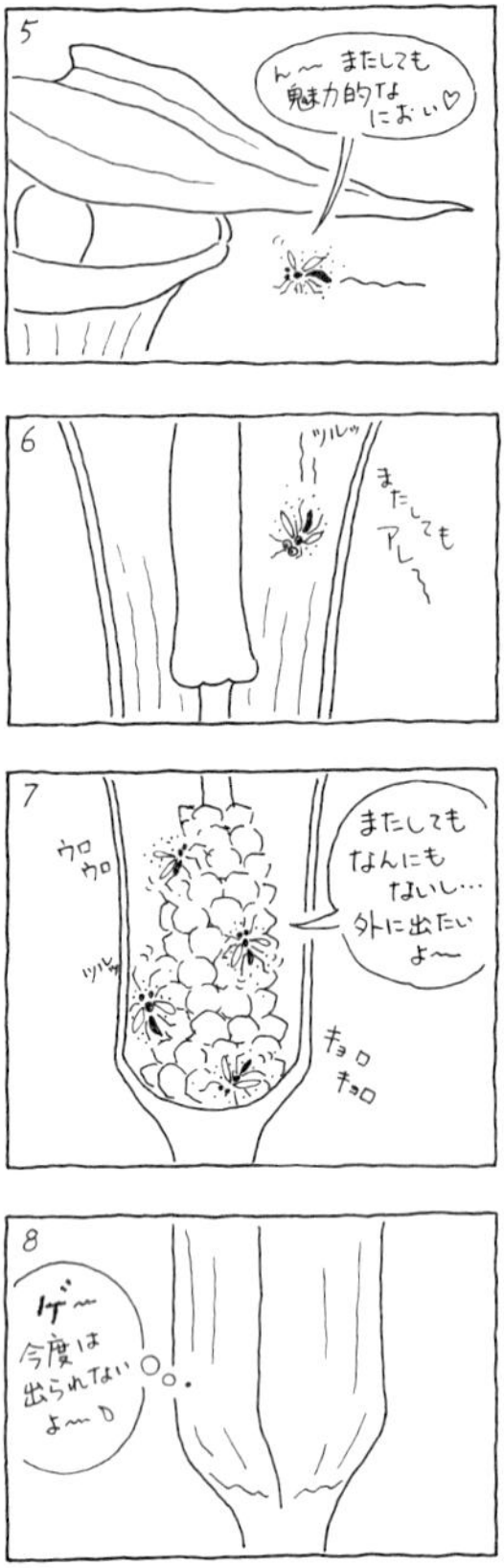

マムシグサの雄（左）と雌（右）の花序

仏炎苞を切り開いてみた。左は雄の花序で、暗紫色の雄花が多数あって白い花粉を出しており、下部には出口がある。右は雌の花序。驚いた。ぎっしり並んだ雌花の上で、小さなキノコバエの仲間が死んでいる。花序の軸は上に伸びて付属体となり、キノコに似せたにおいを出して虫を花序に誘い込む。付属体の下端は鼠返しのような形で、虫が付属体を伝って外に逃げられないようにできている。

消化するが、マムシグサはそんな酵素をもっていないので、中で死んだ虫は植物に吸収されることもなく、やがてカビやバクテリアに分解されて、実が熟す頃には跡形もなくなっている。

なぜ、雄株にだけ脱出口が設けられているのだろう。それは、体に花粉をつけた虫を雌株に向かわせることが、雄の花の目的だからだ。一方、雌株には虫を逃がす理由はない。雌株は虫を幽閉することによって花粉の最後の1粒まで獲得して、より多くの種子をつくろうとするのである。

秋、虫の命と引き換えに受粉した雌株に、トウモロコシ状の穂になった実が真っ赤に熟す。マムシグサは、今度はその色彩で鳥を誘う。赤い実はジョウビタキやメジロによって食べられ、種子は彼らの消化管を経由して遠方に運ばれる。ちなみに、赤い果肉にはえぐみのもとになる蓚酸カルシウムの針状結晶が含まれ、これが粘膜に刺さるので人には有毒である。うっかり口にすると、ほんの1粒でも激しい喉《のど》の痛みや呼吸困難をひき起こす場合があるので注意を要する。

雄から雌へと性転換！

ところで、マムシグサの「性」は、株が成長するにつれて変わる。

地下にある芋は年々成長して、株は大きく育っていく。ごく若いうちは葉を1枚だけ出して花をつけないが、ある程度育つと花をつけるようになる。最初につけるのは、雄花だ。若いマムシグサは花粉だけをつくり、もっぱら雄としてふるまう。しかし十分に大きく育つと、雌花を咲かせて実を結ぶようになる。つまり雄から雌へと「性転換」するのだ。

なぜ性を変えるのだろうか。しかもなぜ、雄から雌へ、なのだろうか。

動植物を問わず、一般に雌という性は子や種子をつくることに伴う体力的な負担がとても大きく、母親は子づくりや子育てに多くのエネルギーを割いている。その代わり、母親から見れば、自分が生んだ子や種子は、必ず自分の遺伝子を受け継いでいるという確証がある。

一方、雄は一般に子づくりや子育てに費やすエネルギーが雌に比べて小さく、

ショクダイオオコンニャク　同じくサトイモ科で、巨大な仏炎苞の内側に花序がある。付属体は動物の死体臭を放つ。

マムシグサの兄弟？　姉妹？

ウラシマソウ　暖地に生える。付属体の先は釣り糸のように長く伸びて垂れる。

ユキモチソウ　四国と奈良、三重県特産。付属体は白く柔らかでお供え餅のよう。

ムサシアブミ　暖地に生える。仏炎苞は創作折り紙のように複雑に畳まれている。

ミミガタテンナンショウ　山林に生え、仏炎苞の両わきが耳たぶのように広がる。

体力をあまり消耗しないですむ。しかし、雌が生んだ子が、本当に自分の遺伝子を受け継ぐ自分の子どもであるかというと、その確証はない。ことに風や虫に頼って花粉を送り出す植物の場合、その花粉が雌しべに届くかどうかは、まさに風まかせ、虫まかせなのだ。

より多くの子孫を残せる者だけが生存競争の勝者となる。それが生物界の掟である。

マムシグサがとった戦略は、体が小さいうちは体力的負担の軽い雄としてあわよくばと花粉をばらまき、体が大きく育てば雌に変わって今度は確実に自分の子をつくる、ということなのだ。

巧妙に誘惑の罠を仕掛けるマムシグサ。明るい色や甘い蜜といった花の常識も、虫との優しい相互報酬の関係も、そして性の常識すら、あっさり覆される。

哀れなキノコバエたちの末路に、悪徳の美に魅せられて身を滅ぼす人間の姿を重ね見た。

アジサイの花色魔法

梅雨空の下で、ひときわ鮮やかなアジサイの花。
その花色は夢のように移ろいゆくも、花粉も実もつくらない。
いったい何のための徒花《あだばな》なのか？

日本生まれの淑《しと》やかな花

空から静かに小糠雨《こぬかあめ》が降ってくる。水無月の庭に淡く濃く、水の色に染まって、アジサイが咲いた。

アジサイはアジサイ科の落葉低木。伊豆半島や房総半島の沿海地域に自生するガクアジサイを改良してつくられた日本生まれの園芸植物である。江戸時代の長崎に滞在したシーボルトはこの花のしっとりした風情を愛し、学名（当時）にオ

雨の季節にしっとりと咲く**アジサイの花**（東京都白山神社）

ガクアジサイ（園芸品種）　外周だけに装飾花がつく。装飾花の飾りは萼《がく》で、中心に真の花が小さく咲いている。

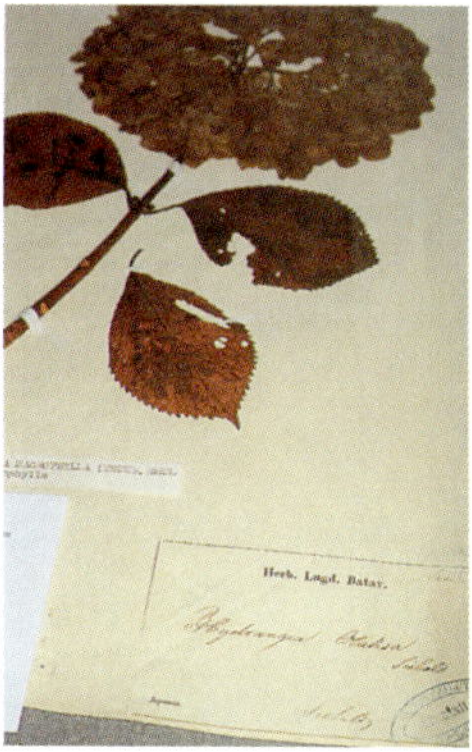

シーボルトのサインが入ったアジサイの標本

野生のガクアジサイ　もともと伊豆や房総の海沿いに生育する海岸植物で、葉は厚く光沢がある。

タクサ（お滝さん）と日本人妻の名をつけた（*Hydrangea macrophylla* f. *otaksa*）。シーボルトによってアジサイは欧州に紹介され、やがて数々の華やかな園芸品種（西洋アジサイ）に生まれ変わった。いまではハイドランジア（ヒドランゲア）の名で世界各国で栽培されている。

日本に自生するアジサイ属には、ほかにヤマアジサイ、エゾアジサイ、ガクウツギ、タマアジサイ、ツルアジサイなどがある。ヤマアジサイは全体に小ぶりで山の沢沿いなどに自生する。花の色や形に変化があり、シチダンカやベニガクなど数多くの園芸品種がある。甘茶の原料となるアマチャもヤマアジサイの変種である。欧州ではつる性のツルアジサイも石造りの壁に這わせるなどしてよく栽培される。樹皮から和紙の糊を採るノリウツギも同属の植物で、これにも園芸品種がある。

美しい花は宣伝担当

アジサイの花色は変幻自在。白から水色、青、薄紅色、朽葉色と微妙な色合いに移りゆく。だが、花びらと見えるのは、じつは萼《がく》である。４枚の萼は大きく色づいて、その懐に小さな花を抱いている。しかし美しい萼に抱かれた花は、雄しべも雌しべも存在するもののその機能は不完全で、授精能力のある花粉もつくらなければ実を結ぶ能力もない。性機能を欠く飾りものの「**装飾花**」である。

母種のガクアジサイでは、装飾花は**花序**の外周に一列に並んでいる。その様子を額縁にたとえて、名は「額紫陽花」。額縁に囲まれた絵に当たる部分には、美しい萼を伴わないが、雄しべと雌しべをもつ小さな花が円形にぎっしり集まっている。この目立たない花たちは、花粉を作る能力と実を結ぶ能力をあわせもつ「**両性花**」である。装飾花は宣伝に徹して虫を呼び、両性花がうまく実を結ぶのを助けている。

アジサイは花序全体が装飾花に変わった「手毬《てまり》咲き」の栽培種で、人の目には美しいが、実を結ぶことはない。

野生のアジサイ類の花には、ハナカミキリやハナムグリなどの甲虫がよく訪れる。もともと甲虫に対して適応進化した花であり、飛ぶのがヘタな彼らでも楽にランディングできるよう、小さな花が平たく集まって全体で大きなヘリポートを

アルカリ性←→酸性

土壌酸性度によって色を変える

土が酸性だと花の色は青くなり、アルカリ性だと赤くなる。

花序の中でも色は変わる　土壌の性質や酸性度にむらがあると、同じ株、同じ花序であっても花の色に変化が出る。

時間を追って色を変える
咲きはじめは白く、次第に青みを増し、最後は赤くなる。

色彩の魔術師
装飾花は色を変えながら長い期間美しさを保つ。日本で生まれ、世界を驚かせた美しい花は、微妙な色の変化を見せる色彩の魔術師でもある。

つくっている。虫へのごちそうは花粉である。装飾花は、両性花が咲く前から咲き終わるまで美しさを保ち、**訪花昆虫**を必要とする期間にわたって花を探す虫たちへの信号となる。装飾花が大きいのはもちろん虫の目を惹くためだが、両性花が小さいのにも花の密度を高くして虫の1回の訪問でなるべく多くの花を受粉させようという花のもくろみがある。虫が花序の上を歩き回ると、腹や足に花粉がついて花粉が運ばれる。

酸とアルカリ——花色の化学

花の色は、同じ株の中でも枝によって微妙に違うことがある。株を移植しても花の色は変わる。

そもそも花の「色」はどのようにして生まれるのだろうか。花の色をつくる色素には**アントシアニン**（ピンク〜赤〜紫〜青）、**フラボン**（淡黄色〜白）、**カロチン**（カロテン）（赤〜橙〜黄）、**ベタレイン**（紅）などがある。植物によって、もっている色素の種類は違う。

アジサイの花の色素はアントシアニンである。この色素の特性として金属イオンと結びつくと色調が変わる。たとえば、ツユクサではマグネシウムと結びついて鮮やかな青い色に、アジサイではアルミニウムイオンと結合すると水色になる。また、細胞液の酸性度が高いと赤っぽく、低いと青みが強くなる。

咲きはじめは葉緑素が残って緑白色の花も、咲き進むにつれ葉緑素は消えてアントシアニンが合成され、花の色は水色（品種や条件により白やピンク）を経て青くなる。だが咲き終わりに近づくと花はしだいに赤みを帯びる。これは細胞の老化に伴って**液胞**《えきほう》に酸性の老廃物が溜まり、酸性度が高くなるからである。

土壌pHも影響する。土に含まれるアルミニウムは、土壌が酸性だとイオンとなって根から吸収され、細胞中でアントシアニンと結合して青を発色させる。

逆にアルカリ性土壌だと、アルミニウムイオンが乏しくなり、花色はピンクに近づく。リトマス試験紙の場合は酸性で青↓赤、アルカリ性で赤↓青だから、ちょうど反対だ（リトマス試験紙の色変化は、〝成績は3＝青赤は酸〟と覚えると忘れない！）。移植すると色が変わるのは土壌の酸性度の違いのためである。

アジサイの園芸品種は3000以上と言われ、多種多様な花色や花の形がある。アジサイの近縁種にも園芸品種がある。

北米原産の**カシワバアジサイ**のてまり咲き品種

日本に自生する**ノリウツギ**のてまり咲き品種

紅《くれない》　ヤマアジサイの古典品種で白から紅に変化する。

ヤマアジサイは日本の山に生える固有種でアジサイより小型。多彩な花色やてまり咲きなど園芸品種も多い。

エゾアジサイの変異　東北地方と北海道に分布して花は青い。写真はみな野生株で、装飾花の色や形の変異が大きい。

枝で花色が異なるのも、土壌pHにむらがあると根や枝の張り具合で細胞に届くアルミニウムイオンの量が違ってくるためと考えられている。

花色を変えるのは、なぜ？

アジサイの花は咲き終わりに近づくとしだいに赤く変わる。虫に対して、これは「もう閉店ですよ」という合図になる。

さらに積極的に花の色を変えて虫に合図を送る植物もある。同時にさまざまな色が混じる花の集団は遠目にも目立ち、強く虫を惹きつける。

よく庭にも植えられるスイカズラ科のハコネウツギの花は、白から紅へと、時間とともに極端に変化する。花の色を構成する複数の色素が時間差をもって合成されてくるので、色鮮やかに変化するのである。白い花に含まれるフラボン色素は紫外線を吸収し、紫外色を見ることができるハチの目にはよく目立つが、時間が経つとアントシアニンが合成されてきて紅色に変わる。

花色の変化は、虫に花の熟度や蜜の量を知らせるサインにもなる。アジサイのように花が丸く集まって咲くランタナの花は、咲いた直後は黄色で、古くなると赤に変わるが、アゲハやマルハナバチは蜜の多い黄色い花を選んで訪れる。つまりアゲハやハチは花の色を学習して食糧を効率的に集め、花は虫に未受粉の花を集中的に巡回させる。一種の相利関係が成立しているわけだ。

トチノキの花びらにある斑点も、黄色から赤に変わる。花の蜜は斑の黄色い若い花にあり、斑の赤い古い花にはない。花の花粉を運ぶマルハナバチは、斑の色を見分けて報酬の多い花を集中的に回る。だが行動が緩慢で役に立たないハナアブは、色と報酬の関係をおぼえず、どちらの花も同じ頻度で訪れるという。トチノキは、上客のマルハナバチにだけサインを出して優遇し、招かれざる客のハナアブにはむだな労力を強いて蜜の「ただ飲み」を邪魔するのである。

アジサイの花もまた、魔法の絵の具でドレスを染め、装飾花のアクセサリーもきらびやかに虫を誘う。私たちの目にはただ美しく見える花たちも、彼（彼女）ら自身は生き残りをかけて美を競い合っているのである。

日本の野生アジサイの仲間

タマアジサイ　つぼみが丸い。

コアジサイ　装飾花がない。

ツルアジサイの花

イワガラミ　装飾花は一片。

ツルアジサイ　日本原産。つる性で木の幹や岩に這い登る。西欧で栽培される。

花色魔法

ハコネウツギ　白→紅

スイカズラ　白→黄

マツリカ　白→紫

スイフヨウ　白→紅

ペラペラヨメナ　白→紅

ランタナ　黄→紅

ツユクサの用意周到

夏の朝、朝露をしっとりと帯びた野原に落ちた青い透明なインクのように
ぽつんぽつんと咲くツユクサ。
はかない命だからこそ、慎重かつ大胆に、力を尽くす。

澄みきった青もはかなく

朝露きらめく草むらに、青く澄んだ水の色。つかの間の幸せな夢の中で、ツユクサが瞳を輝かせている。

道端や空き地に咲くツユクサ科の**一年草**。名は露草。夏から秋の早朝、露の雫をきらめかせた葉の間から青い花が咲き出たかと思うと、朝露が消える頃にはもう

しぼむ。ありふれた雑草ながら、美しくも短い命の花は、はかない露の精を思わせる。

比類なく美しい青は、色素のアントシアニンにマグネシウムが結びつくことによって生じてくる。花びらの絞り汁は昔から染色に使われたが、光や水に弱いことから、藍染めの技法が伝わるとしだいに廃れた。

しかし一方で、水で洗うと跡形もなく流れて消える特性は、友禅染めの下絵を描くのには好都合だった。早朝に花を摘み、その絞り汁を和紙に染み込ませて乾燥させたものが「青花紙」で、近江国（現在の滋賀県）の特産物として今日もなお生産されている。この用途のために品種改良されたものがオオボウシバナ（大帽子花）で、花びらがツユクサの3倍ほどもあり、観賞用に栽培されることもある。とても美しいが、残念なことに命のはかなさはツユクサと変わらない。

葉先の露はひとしお

名の由来として、花の命が短くて朝露が残るうちにだけ咲くからとも、露を帯びて咲くからともいう。早朝のツユクサの葉は露の雫をきらきらと輝かせ、その

オオボウシバナ　花びらの大きなツユクサの栽培品種。

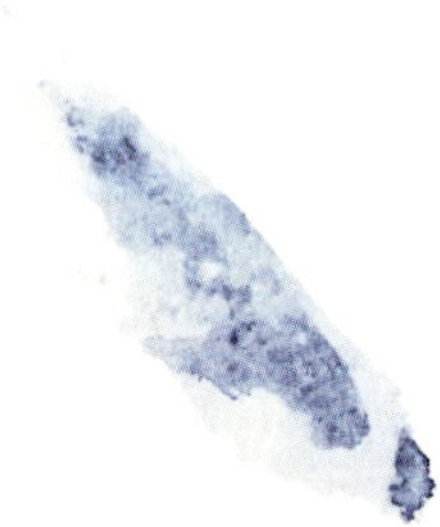

ツユクサの花びらを紙になすりつけると青い色がつく。

友禅流し　友禅染めの工程で、本染色後にツユクサの汁で描いた下絵や糊を川で洗い流す。

ツユクサ　小さな雑草もよく見れば、花の美しい色と精緻な造形に魅了される。（写真右）

光の反射が花の青さと相まって、なおいっそうの風情を醸し出す。

露の雫は、どのようにして生まれたのだろうか。ツユクサに限らず、冷え込んだ朝の草むらはしっとりと朝露を帯びている。これは夜間に気温が下がり、空中の水蒸気が冷えてできる露（結露）である。

一方、一般に植物の葉は、昼の間は裏面の気孔から根が吸い上げた水分を水蒸気として**蒸散**させている。そうすることで、水を葉の隅々までいきわたらせることができる。夜になると気孔が閉じて蒸散作用は弱まるが、なおも根は水を吸いあげるため、葉の内部に水が溜まる。この余分な水は葉脈の末端にある水孔という穴から外に押し出され、水滴となって滴り落ちるのである。そこで、朝になるとまるでシャンデリアのように、葉の先端に露の玉がきらめくのだ。

かわいい雄しべの秘密

花は、ちょうど2枚貝のようにたたまれた包葉《ほうよう》（**苞**《ほう》ともいう。花に付随した特殊な形の葉）の間から、毎朝ひとつずつ（まれに2つ）顔を出す。

花びらは3枚。ミッキーマウスの耳のような形に広がる2枚が大きくて青く、下の1枚はごく小さくて白い。

雄しべは6本。2本の雄しべは雌しべとともに長く前方に突き出されているが、茶色であまり目立たない。短い3本の葯《やく》（花粉袋）はX字型をしており、花の中心で黄色く目立つ。そして残る1本は両者の中間の位置にあり、Y字型で、色も黄と茶の中間だ。

花の多くは雌しべと雄しべの双方をもつ**両性花**だが、中には雌しべを欠く雄花も混じっている。両性花が実を結ぶには多量のエネルギーを費やすが、雄花が花粉をつくるだけなら少量ですむ。エネルギーを節約し、花粉をばらまいてあわよくば父親として子孫を残そうとする花のたくらみだ。

ところで、目立つ3本の短い雄しべは、実際は花粉をほとんどつくらない。ほんの少し出す花粉は中味が空っぽの偽物だ。虫を誘うための「**飾り雄しべ**」（仮雄しべ、仮雄蕊《かゆうずい》とも呼ぶ）なのである。花粉を出す役割は長くて地味な雄しべが請け負っている。中間の雄しべも花粉を少し出し、長い雄しべとともに、目立つ

X字型の飾り雄しべがつくる花粉には中身がない（①）。一方、Y字，O字型の雄しべは正常な花粉（②、③）をつくる。

雌しべが退化した雄花もある。

飾りおしべにだまされるアブ　ツユクサの花に飛んできたホソヒラタアブは、まず目立つ飾り雄しべの方へ。Y字雄しべが出す少量の花粉をなめている間に、地味なO型雄しべがお腹にそっと花粉をつける。

咲き終わる直前。こんなへちゃ顔になっちゃった。

昼が近づくと、雄しべと雌しべは巻きはじめ、雌しべの柱頭に花粉がつく。

飾り雄しべに口を伸ばす虫のおなかに花粉をそっとつける。

一般に、花を訪れる虫は、蜜と同時に花粉を食糧として利用する。植物によっては蜜をつくらず、虫に花粉だけを提供している種類もある。しかし花にしてみれば、花粉には卵細胞に精核を送り込んで子をつくるという重要な任務があるので、多量に食べられてしまっては困る。花粉の製造には貴重なタンパク質や核酸を要するので、コストの面でももったいないのだ。

そこでツユクサは「飾り雄しべ」を用意し、たんまり花粉があると見せかけて虫を誘う。騙《だま》された虫が長い雄しべや中間の雄しべの花粉に触れて次の花の雌しべに運んだとき、花は目的を成就する。

最後の大仕事

ツユクサの花は、短い命が終わりに近づく頃、ひそかに大仕事を果たす。花は、しぼみながら長い雄しべと雌しべをくるくると巻き上げ、絡み合わせて自ら受粉するのだ。同じ花の花粉で受粉することを**同花受粉**という。朝の短時間に虫が来ることは限らないが、こうして同花受粉を行うことで確実に実を結ぶことができる。

同花受粉は、しかし極端な近親交配となり、変異の幅を狭めると同時に、遺伝的に劣った弱い子孫が生まれる危険をもはらむ。が、冬は枯れる一年草のツユクサとしては、なにがなんでも種子をつくらなければ子孫が絶えてしまう。その執念が生んだ最期の秘め技が、巻き上がる雄しべと雌しべなのである。

咲き終えた花は再び包葉の中にもどり、実を結ぶ。秋が深まる頃、実は熟して裂け、黄ばんだ包葉の中に数粒のタネを吐き出す。タネは灰色で硬く、土の粒としか見えない。土の粒に擬態して、鳥や虫に食べられることを避けているのだ。

やがて冬を告げる木枯らしが吹き荒れると、タネは包葉の中から振り出され、ちりぢりに冬枯れた草むらに転げ落ちていく。ツユクサの一生は終わり、新たな命は草むらの底で次の春を待って静かに眠る。

はかなさの奥に逞しさを秘めて生きる露の花。内なる生命の輝きが外面の美しさをさらに際立たせるのは、私たち人間も同じではないだろうか。

騙《だま》したり、頑張ったり……

見せかけの花粉や雄しべで虫を騙して誘う植物はツユクサばかりではない。

サルスベリの花を観察すると、長短2種類の雄しべがある。花の中心部でよく目立つ多数の黄色い雄しべと、長く突き出しているがあまり目立たない紫色の雄しべ、の2タイプだ。受精に役立つのは、目立たない長い雄しべが出す花粉だけ。短くて目立つ雄しべは、花粉は出し、花粉管が伸びるところまではいくものの、肝心の精核は現れず、染色体もDNAも含まない見かけ倒しのニセ花粉。虫をおびき寄せる餌としての、安物のイミテーションなのである。

ノボタンの仲間も、中心に近い位置にある黄色い雄しべが出すのは窒素含量の低いイミテーションで、実際に生殖能力のある花粉は長くて目立た

サルスベリ　雄しべに2型〈黄短〉・〈茶長〉がある。

四季咲きベゴニア　右上は雄花、左は雌花。

ない雄しべの方だけがそっと出す。

ベゴニアの花には雌雄があり、雌花は花粉をつくらない（ベゴニアの花は蜜を出さないので、花粉がないということは虫にとってのエサがないということを意味する）。そこで、雌花は雌しべの先端を大きな黄色い塊に発達させ、花粉の塊に見せかけて虫を誘う。

オシロイバナは、ツユクサと同様に数時間でしぼむ一日花であるが、夕方に咲いた花は、朝を迎えると、雄しべと雌しべをくるくると巻き上げ、互いに接して同花受粉を行う。

オシロイバナ　夕方（上）と翌朝（下）。

ウメバチソウ　飾り雄しべの黄色いつぶつぶは偽蜜。ハチがだまされてなめに来た。

クローバーの主導権

花の冠や首飾り、4つ葉のクローバー探し……。
白い花が一面に咲く野原で子どもたちは夢見心地にたわむれる。
優しい花にふさわしく、地下では平和な相互扶助……でもない？

幸運の見つけ方

初夏のベイ・エリア。海の見える公園の芝生に寝そべると、クローバーの花がそよ風に揺れていた。

クローバーはヨーロッパや北アフリカを原産地とするマメ科の**多年草**。和名のシロツメクサ（白詰草）は、江戸時代、オランダから送られてきたガラス器の詰め物として、この草を乾かしたものが使われていたことから。明治初期以降は、栄養価の高い牧草として日本各地で栽培されるようになった。だがその一部は逃げ出し、いまでは野原や空き地などに野生化している。

ハート形の小葉には白い斑紋があり、普通は3枚、まれに4枚。4つ葉のクローバーはいわずと知れた幸運のシンボル。これはキリスト教諸国で、3つのハートは三位一体を、4つ葉は十字架を象徴すると信じられたことに由来するという。踏みつけられる場所では成長点が傷ついて4つ葉になりやすいとよくいわれるが、私の経験からいえば、そうではなく、4つ葉の出やすさは遺伝的に決まっている。

私は4つ葉探しの名人（！）なのである。コツは、視野全体でクローバーをとらえて見下ろしながら歩き回ること。ひとつ見つけたら、同じ株にもっと見つかる可能性が高い。出やすい株の位置を覚えておけば、翌年もまた見つけられる。

葉の斑紋は、葉の**柵状組織**《さくじょうそしき》（葉の表層近くにある組織で多くの葉緑体を含み、柵のようにぎっしり並んでいる細長い細胞からなる）の細胞が部分的に小ぶりで表皮細胞との間にすき間（空気）があり、光が乱反射されて白く見えるため。葉の斑紋には個性があり、混生する中から**クローン**（同じ遺伝子をもつ同一株）を識別する手がかりになる。斑紋をもたないタイプもあるが、遺伝的には劣性で、斑紋

クローバーの花
多数の花が球状に集まって下から順に咲き、咲き終わると下を向く。一つひとつの花はマメ科特有の蝶形花で蜜をため、甘く香ってハチを誘う。

クローバーの葉
通常３枚１セット。幸せの４つ葉を探してね！

紅白のクローバー咲く土手（写真右）

をもつタイプとかけ合わせると子孫はすべて斑紋をもつタイプになるそうだ。

植物だって寝る子は育つ

夜の公園を懐中電灯持参で散歩すると、さまざまな寝姿を観察できる。もちろん、植物の、である。

昼間は水平に開いていたクローバーの葉も、夜には3枚が立ちあがる。2枚が合わさり、1枚はきまってあぶれているからおもしろい。人や動物の睡眠とは意味が違うのだが、眠っているように見えるので「就眠運動」と呼ばれている。

就眠運動を行う植物はけっこう多い。カタバミの葉もクローバーとよく似た3つ葉だが、こちらは傘をすぼめたように垂れて寝る。マメ科のネムノキやニセアカシアは葉を閉じたりすぼめたりして眠るし、シソやオナモミ、カラムシは葉をだらんと垂らして眠る。ヨモギのように立って眠る葉もある。

なぜ、葉は夜、眠るのだろうか。じつはまだよくわかっていない。

ダーウィンが提唱した説は、**放射冷却**を防ぐため、というもの。葉をすぼめると放射冷却を防いで葉温を維持でき、生産効率が上がると考えた。しかし最近の研究では、葉温の変化はごく微小で、葉の開閉に要するコストがまさるという。もう一つは月の光を避けているという説。昼夜のリズムや花芽形成のタイミングが月の光によって乱されてしまうからだという。だが、こちらも証明されているわけではない。

構造的には、葉の3枚に分かれる位置の膨らんだ部分（小**葉枕**《ようちん》と呼ぶ）の細胞の膨圧が変化することによって、葉と軸の角度が変わる。

夜のそぞろ歩きの心地よい季節。植物観察もおもしろい。

共生関係の表と裏

クローバーの根を引き抜いてみると、ところどころに丸い粒がついている。これがマメ科特有の「**根粒**《こんりゅう》」である。根に「**根粒菌**」が**寄生**して生じたものだ。

根粒菌は土に住む細菌の一種で、普段は土の中の有機物を分解することでエネルギーを得ているが、マメ科植物に寄生すると根粒をつくり、大気中の窒素ガス

昼のクローバー　３枚の小葉を水平に広げて光を受ける。茎は地面を横に這って伸び、葉柄は垂直に立つ。そのてっぺんに葉面を水平につけるには、三出複葉の形が適している。

夜のクローバー　夜は葉を立てて眠る。３枚のうち左右の２枚を合わせて閉じるので、中央の１枚は必ずあぶれる。

植物たちの寝姿拝見

ネムノキ

ハルジオン

ヤブマメ

カタバミ

カラムシ

ヨモギ

からアンモニアをつくる（これを**窒素固定**という）。根粒菌は、マメ科植物から炭水化物やビタミンをもらい、代わりに植物は根粒菌からアンモニアをもらってアミノ酸やタンパク質の原料にする。いわばギブ・アンド・テイクの関係である。

以前は春になれば「レンゲ田」が見られた。これは同じマメ科のレンゲソウ（ゲンゲ）を冬の田んぼで育て、花が咲きそろった頃に土にすきこんで肥料にするものである。根粒菌が空気中からとりこんだ分だけ土の窒素分が増えて、窒素肥料を与えるのと同じ効果が得られる。おまけに土の有機質が増えて柔らかくなり、一石二鳥というわけだ。

作物に窒素肥料が不可欠なことを見てもわかるように、植物は常に窒素分に「飢えて」いる。窒素分は不足しやすい資源なのだ。空気中には窒素ガスが大量にあるが、分子の結合が固いので、植物は（動物も）これを利用できない。唯一、利用できる生物が、根粒菌とその仲間なのである。

マメ科植物は、根粒菌と「**共生**」することで、飢えから解放された。その結果、普通の植物なら到底生きていけないような痩せた土地にも進出が可能になった。

マメ科と根粒菌の関係は、互いに利益を受ける「相利共生《そうりきょうせい》」と呼ばれる。つまり、両者が「仲よく助け合って」暮らしているのだと思われてきたが、実際はちょっと違うらしい。最近わかってきたことには、意外にシビアな関係らしいのだ。まずは侵入時。マメ科植物の根から出ている特別な物質を感知すると、根粒菌の中に眠っていた一連の遺伝子が働き始める。そして根粒菌は、植物の成長ホルモンと同様の物質を合成して根に作用させ、伸びてゆるんだ部位から根の内部に侵入する。病原菌の感染時と同じ、強引なやり口である。

植物の組織は、根粒菌のつくり出す物質の影響で変形し、こぶ状の根粒が形づくられる。この中で、根粒菌は植物の炭水化物を利用し、分裂を繰り返しながら急速に増殖する。これも病原菌の場合と同じ。根粒菌が主導的立場にある。

ところが、根粒が大きくなってくると、根粒菌は突然、分裂をストップしてしまう。代わりに根粒菌の細胞は肥大し始め、窒素固定を行うようになる。

このとき、根粒菌の増殖を抑えているのは植物サイドだという。植物が菌の増殖を抑える物質をつくり、根粒菌の生命活動を操っているらしいのだ。たしかに、

クローバーの根粒　マメ科植物の根を抜いてみると、ところどころに小さなコブがある。これが「根粒」で、根に根粒菌が共生したもの。根粒はレグヘモグロビンを含むので断面は赤い。

レンゲソウはミツバチの蜜源となり、「緑肥」として田にすきこまれる。円内は根粒。

ナヨクサフジもマメ科植物で、緑肥として栽培される。

ダイズの根粒　枝つきの枝豆を買うと根粒が見られる。

ミヤマハンノキ　発芽４年目の実生。根粒が発達中。

ハンノキの仲間も根粒菌と共生して根に根粒ができる。

根粒菌が無制限に増殖したら、せっかくのアンモニアも根粒菌の体をつくるタンパク質に使われて、植物に回ってこない。それでは困る。

さらに、土に窒素分が豊富だと、たとえ根粒菌が感染しても根粒はできにくい。これも、植物が根の細胞分裂を抑える物質をつくり、根粒形成をコントロールしているらしい。窒素固定には大量のエネルギーが必要で、植物がいわば燃料として根粒菌に提供する炭水化物は、かなりの量、相当な負担になる。ほかに利用できる窒素栄養分さえあれば、根粒菌に頼る必要がないだけでなく、根粒菌なんかいない方が経済的、というわけだ。

仲よく助け合って、なんてとんでもない。どっちもどっちの自己チューではないか！

根粒菌とマメ科植物の「共生」は、根粒菌の一方的な寄生から長い時間をかけて進化し、植物がついに主導権を握ることでシステムが完成した。人間社会にもさまざまな共生関係がある。クローバーにならえば、円満の秘訣は寄生される側（男？　それとも女？）が主導権をもつこと、かも……。

ネジバナの螺旋階段

ほっそりとした野の草が、不思議な螺旋を描いている。
その花は小さいけれどもカトレアそっくりで愛らしい。
けれども、見かけによらない一面も……

超小型ながら立派なラン

光こぼれる初夏の午後。公園の芝生の間におもしろい花を見つけた。まるでエッシャーの「無限階段」。不思議な螺旋を描く花は、その名もネジバナ（捩花）という。別名モジズリ（文字摺）。属名の *Spiranthes* も「螺旋の花」という意味だ。

近寄って見ると、螺旋をなして咲く花は、大きさの差に目をつぶりさえすれば、

ネジバナ　別名モジズリ。ねじれた花穂から名がついた。草丈は10～20㎝ほど。写真は都内の公園の芝生だが、芝刈りのタイミングによっては花が全く見られない年もある。

美しき小さなラン　ひとつの花は５㎜ほどだが、ルーペで見るとカトレアに負けないほどの美しさ。下側の花びら（唇弁）は白く半透明で、縁は繊細なフリルで飾られている。

形も色もカトレアの花にそっくりだ。それもそのはず、ネジバナは小さいながらも立派なランの仲間である。

日本各地の明るい草地や芝生に生えるラン科の**多年草**。6～8月に高さ10～40cmほどの花茎を立て、可憐なピンクの花を咲かせる。分布は広く、ヨーロッパ東部からシベリアを経て中国、日本、さらに東南アジアからオセアニアにわたる。

花穂のねじれは一定ではない。巻く向きは左右ほぼ同数、ピッチも緩急さまざまだ。同じ株から出る花穂の中にも、右巻き、左巻きが混じっている。ねじれの向きは遺伝的に決まるのではなく、確率的にどちらかに転ぶことがわかっている。

ねじれることに意味はあるのだろうか。花を訪れて花粉を運ぶのは、小型のハチ。横から花にもぐり込むハチの行動習性に合わせ、花は横向きに咲く。視覚で花を探すハチを呼ぶには、小さな花は集まった方が効果的。だが、花がそろって一方を向けば、茎はそっちに傾くのが道理。そこでネジバナは花の向きを順繰りに変えた。花を螺旋につけることで重心が安定し、細い茎も直立する。

虫モードで発見したものは？

花がハチに花粉を運ばせる仕掛けは、じつに巧妙だ。

私が教えている都心の大学では、6月中旬になると芝生にネジバナが咲き出す。この芝生で花に来る虫を観察することにした。しばらくしてこちらの「目が慣れた」頃、やって来たのはネジバナの花に見合ったサイズの、小さな小さなハチだった。

虫の観察というのはキノコ探しや化石探しに似ていて、自分から探索モード（？）のスイッチを入れないことには、視界には入っていても「見えて」はこない。スイッチを入れて「目が慣れる」までには、それなりに時間がかかるのだ。しかも、たとえば虫、キノコ、化石と、それぞれのモードに入るスイッチは別々だ。その人がもっているモードのメニューが豊富であるほど、自然を観察する視点はより多角的になり、相互の結びつきも加わって飛躍的に「見えてくるもの」が増すのだと私は思う。

小さなハチは羽音も立てない。無音で花に止まると、小さな体を花の奥へとも

ネジバナの花粉を運ぶ小さなハチ　都心の大学の芝生で撮影。ハチの頭に白い花粉塊がついている。花に潜れば百発百中つくわけではなく、ついてこないときの方がずっと多い。

ネジバナの花を訪れる昆虫　①花粉塊をつけたニホンミツバチ。②ヒラタアブ③ヤマトシジミ（写真 田中肇）

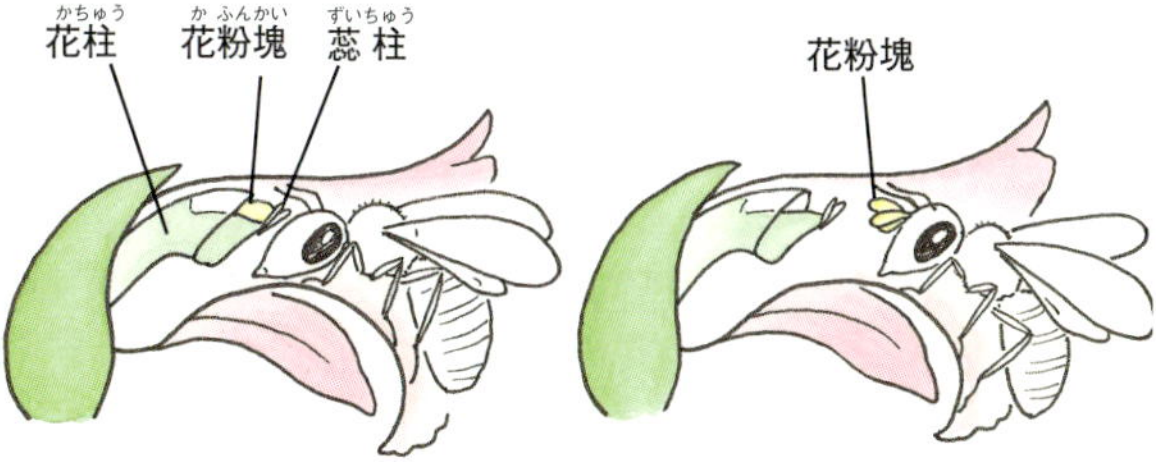

ハチの頭にこすられると、蕊柱が開いて粘着体が貼りつく。

ハチが出てくるときには、花粉塊が頭についている。

ハチの頭に花粉塊がつくには……

ぐり込ませた。そして2、3個の花を回ると、またふっと飛び立って数メートル離れた別のネジバナに止まる。これの繰り返しだ。私はカメラを手に、小さなハチを追いかける。

芝生には同じ種類のハチが何匹かいて、みな同じような行動をとっている。その中に、何か白いものを頭にくっつけているハチを見つけた。おおっ！ **花粉塊《かふんかい》**！

ラン科の花は、花粉を塊ごと虫の体にくっつける独特の仕掛けを備えている。それが「花粉塊」である。花粉の塊と**粘着体**がセットになって、丸ごと花から外れてくるのだ。

ランの花の構造は巧妙である。雌しべと雄しべは合体して「**蕊柱《ずいちゅう》**」をつくり、その裏側にそっと花粉塊を隠している。花粉塊（いわば花粉の袋詰め。ネジバナではタラコのような形）は、細い柄を介して粘着体（いわば接着テープ。ネジバナではディスク型）につながっており、粘着体の接着面はハチの体が通過する想定地点にぴたりとセットされている。

ネジバナの花にもぐり込んで蜜を吸ったハチは、花から出ようとすると蕊柱をこすり、頭にぺたっと粘着体を貼りつけられてしまう。そのまま後ずさりすると、粘着体につながっている花粉塊もずるずると引きずり出されてくる。これで、花から出てきたハチの頭には、ちょうどミニーマウスの頭のリボンのように、白い花粉塊がちょこんと乗っかっている、という具合。

ハチは何か異変が起きたことを認識しているのか、顔や触角をいじったりしているが、花粉塊はそんなことでは外れない。頭にリボン（？）をつけたまま、ハチは再びネジバナの花に飛ぶ。

花粉塊が運び去られた花では、雌しべが露出して花粉を待ち受けている。雌しべの表面は粘液でぬれて光っている。花粉塊をつけたハチが花を訪れると、今度は雌しべのねばねばをこすりながら花粉塊を引きずることになる。花粉塊の袋はずたずたに破れ、中から花粉があふれ出て雌しべにべったりへばりつく。これで、受粉成立。

後日、セイヨウミツバチの訪花も観察した。体の大きなセイヨウミツバチは体ごとすっぽりとは花にもぐらず、口だけを差し込んで蜜を吸う。その口に、また

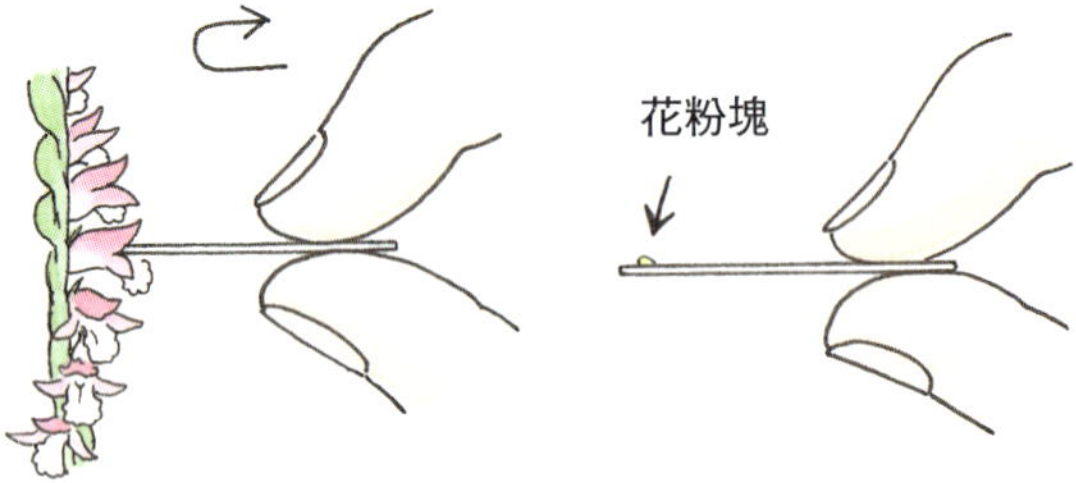

ハチの気持ちになって花の奥の蜜を吸うつもりで、静かに差し込んで、ゆっくり引き出してみよう。

ほら、花粉塊をゲット！
　よく見るとタラコに似た形をしているよ。

花粉塊を取り出してみよう

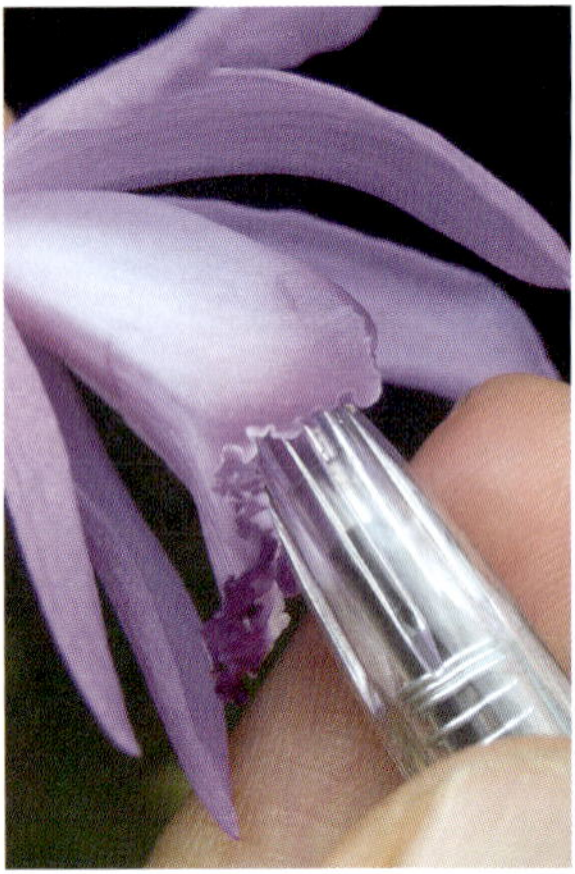

シランの花粉塊　ボールペンに花粉塊がついてきた。

日本の野生ラン　だましやからくり仕掛けの花もある。

サギソウ　花は白く、長い距に蜜をためる。長い口を持つスズメガが花粉を運ぶ。

キンラン　花に蜜はないが、美に騙されたハナバチが花粉を運ぶ（写真 和田求司）。

クマガイソウ　花の内部の迷路にマルハナバチを誘導し、強引に花粉を運ばせる。

ジガバチソウ　ジガバチの姿に似た奇妙な形の花で、誰が花粉を運ぶのか未解明。

また白い花粉塊、発見！　シジミチョウの仲間も花を訪れるが、細い口を差し込むだけなので花粉を運ぶ確率は低い。

遊びすぎにはご用心

私もネジバナの花に、そうっとシャープペンシルの芯を差し込んでみた。細い芯をハチの口に見立てて、花の奥深くに隠された蜜を吸うつもり。そして、蜜を吸い終わったハチが後ずさりするのを真似て、静かに芯を引き出す。すると、芯が花の上縁にこすれる瞬間、小さな塊がくっついてくるではないか！

この、花粉塊という仕掛けは、庭や植木鉢のランにも備わっている。サギソウ、シラン、シンビジューム、コチョウラン……。種類によって大きさや形に少しずつバリエーションがあるので、いろいろ試してみるとホントーにおもしろい。

ただし花を長く楽しみたかったら、遊びすぎにはご注意。私の経験では、花粉塊を取り去ったシンビジュームやコチョウランの花は、そうでない花に比べて早く花がしおれて落ちてしまうからだ。

花粉塊を失った花が早く落ちる理由として、次のようなことが考えられる。

まず、花には2つの目的がある。ひとつは自分が花粉を受け取って実を結ぶこと、もうひとつは花粉を送り出して別の花の雌しべに届けることである。この意味から、花の目的は、花粉が運び去られた時点ですでに半分弱は達成されたといえる。

ここで、花は選択を迫られるはずだ。花粉を送り出した花にもエネルギーを維持し続けて花を保つか（さらに受粉まで待つか、あるいはほかの花のために虫を誘引する宣伝塔として花を残すか）、または、花粉を失った花へのエネルギー供給を絶って、まだどちらの目的も達成されていない花の方にエネルギーを振り替えるか。

多くの花では、花粉が運び去られたかどうかを花自身が判断することは難しい。だがランの場合は、花粉塊という特殊な形で花粉が運び去られ、その際に花の一部が切り離されるという物理的損傷を伴うので、その判断が可能なのかもしれない。

花の寿命に花粉の運び出しの有無が関わっているとすれば、それは生態学的にも未解明の、興味深い問題である。

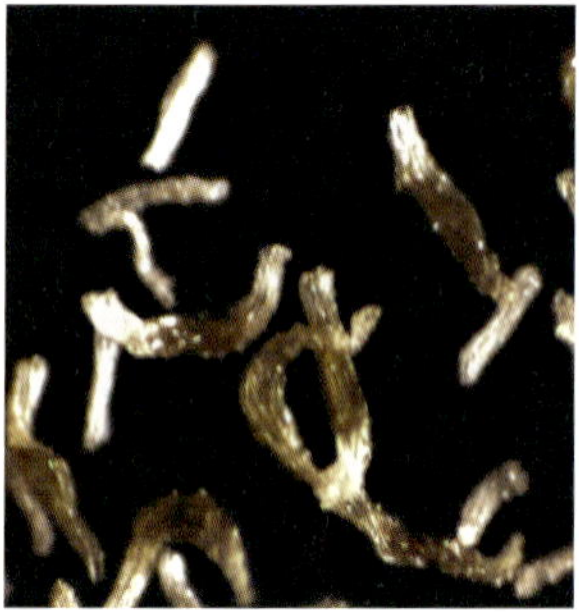

ネジバナ種子　長さ 0.4mm、重さはわずか 0.0009mg。

ネジバナの実　1 個の実に数万個の種子が入っている。

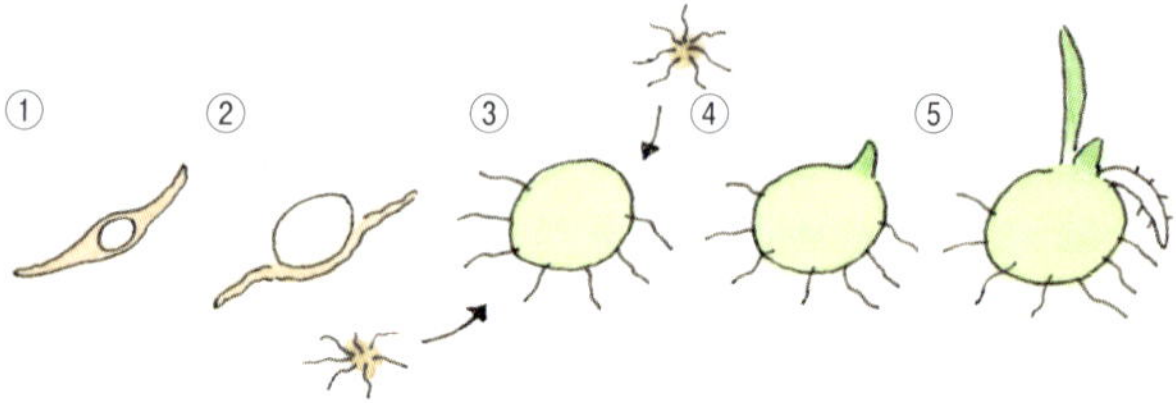

① 種子は土に落ちる。
② 胚が水を吸って膨らむ。
③ 胚の内外でラン菌が増殖して「プロトコーム」となる。胚はラン菌を消化しながら成長する。
④ 芽ができる。
⑤ 葉や根が伸びる。

膨潤してプロトコームを形成しつつあるキンラン種子。

シランの実の内部には粉のような種子が数万個かそれ以上も詰まっている。種子は長さ 1.6㎜、胚の部分は 0.4㎜。

種子を散らすシラン　果皮にすきまができて風に漂う。

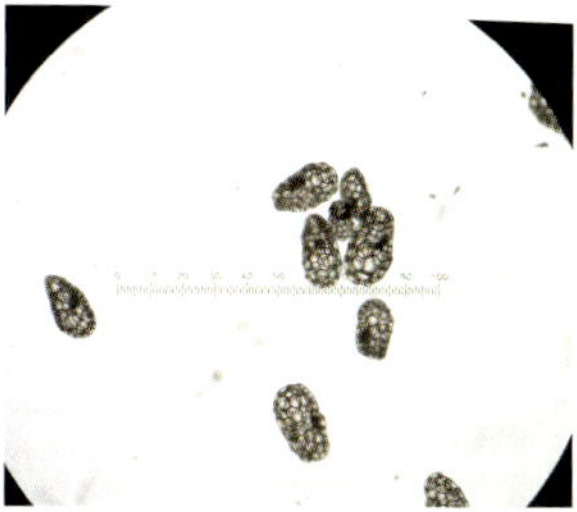

タシロランの種子はさらに小さく長さ 0.2㎜で翼もない。黒く透けて見える部分が胚にあたる。

エネルギー源を省略

ネジバナが属するラン科は、被子植物の変わり者である。

被子植物は普遍的に「重複受精《ちょうふくじゅせい》」を行う。花粉は雌しべにつくと**花粉管**を伸ばし、その中を2個の精細胞と、1個の**花粉管核**（花粉管核は受精に関与しない）が移動する。精細胞のうちひとつは卵細胞と合体して受精卵となり、次世代の植物となるべき**胚**《はい》に育つ。もうひとつの精細胞は、卵細胞をはさんで隣り合う2つの**極核**《きょくかく》と合体し、栄養分を蓄えるべき**胚乳**《はいにゅう》に育つ。つまりダブル受精だ。

ところが、ラン科は例外で、胚乳をつくらない。極核がひとつしかなくて重複受精を行わなかったり、重複受精を行っても直後に消失してしまったりして、胚乳が育たないのだ。胚乳をつくることをやめた「無胚乳種子」なのである。

その種子は、ものすごく数が多く、ものすごく小さい。普通、植物の種子は胚乳や**子葉**の部分に発芽や初期成長に必要なエネルギー源として養分を蓄えているものだが、ラン科植物の種子にはそれがない。種子は、ほぼ将来の植物体に育つ胚の部分だけから成り、およそ養分というものを蓄えていないのである。

ネジバナの実は、長さ6㎜ほどの紡錘形。この中に、なんと数万〜数十万個（！）もの種子がぎっしり詰まっている。ネジバナに限らず、ランの仲間はとにかく種子の数がめちゃくちゃに多い。ひとつの実の中にこれだけ多くの種子をつくるのだから、雌しべが受け取る花粉の数もその数以上でなくてはならない。花粉を丸ごと運ばせるラン科独特の「花粉塊」は、膨大な数の種子という必然があればこそ進化してきたのである。

数の多さと引き換えに、種子は埃《ほこり》のように細かい。ラン科植物の種子は、あらゆる植物の中でも最も小さいことで知られている。ネジバナの種子1個の重さは、0・0009㎎。全体の長さ0・4㎜。肝心の胚の部分は0・2㎜ほどしかない。実は熟すと裂け、無数の微細な種子が煙のように漂う。ここまで軽ければ、ほんのかすかな空気の動きでも種子はふわふわと浮き上がり、風で遠くまで運ばれていく。

ラン科の微細な種子は、内容を極限にまで削減していて、自力では発芽すらできない。ラン科植物は、菌類、つまりカビやキノコの仲間を共生菌とし、その助

タシロラン　6～7月の暖温帯林に生え、高さ約30cm。

アキザキヤツシロラン　ショウジョウバエが花粉媒介。

オニノヤガラ　花茎は高さ50～100cmで直立する。

光合成をやめて菌類に寄生するラン

ツチアケビ（実） ラン科の例外で鳥が食べて種子を運ぶ。

ツチアケビ（花） 花や実の時期だけ地上に姿を現す。

マヤラン シンビジュームの仲間だが、葉を出さない。

けを借りて芽を出すのである。ランの共生菌を一般に「ラン菌」と呼んでいる。

ネジバナの相棒となるラン菌として、数種の菌類が報告されている。地面に種子が落ちると、菌糸が集まってきて種子を包む。菌糸に栄養を与えられて、種子は目を覚まし、胚は水を吸って細胞も分裂を始める。胚は栄養をもらいながらさらに成長し、菌糸に包まれた「プロトコーム」と呼ばれる特有の状態を経て、ついに芽を出す。その間、必要な栄養はすべて菌からもらう。

ランの種子が小さい理由はここにある。ラン菌からもらうから貯蔵栄養は要らないのだ。ふつうの植物なら種子に発芽や成長に必要な「お弁当」をつけて送りだすところを、ランは菌の助けを最初からあてにしているわけだ。

数についても考えてみよう。一般論をいえば、タネは多い方がいい。チャンスが広がるからだ。だが資源は限られるので、数を多くすればタネは小さくなり、生き残りの確率も低下する。ならばとタネを大きくすれば数は減らさざるをえず、タネが重くなれば飛ばすための翼といったコストも増す。このように、タネの数と大きさをめぐって植物はつねにジレンマを抱えているのである。

ランは、ラン菌という共生菌を手に入れたことでジレンマから脱却した。タネの数を増やし、極限まで小さくすることができたのである。

プレゼントをもらった後は……

いま「共生菌」と書いた。両者の関係は「**共生**」と表現されることが多い。しかし、本当にそうなのだろうか。

ネジバナの種子は菌糸に抱かれ、一方的に栄養をもらって育つ。菌糸は種子の内部に入り込むが、入れるのは種子の周縁部のどうでもいい細胞群だけである。一番大事な部分である胚とその周辺の細胞は、菌糸を固く拒絶して触れさせもしない。

胚は、誘い込んだ菌糸から必要な栄養を吸収して育ち、やがて芽を出す。芽はさらに菌糸から栄養をもらい続け、ついには緑葉を広げるまでに育つ。

ここに至って、ネジバナはラン菌への態度を豹変させる。自分自身の**光合成**によって栄養をまかなうことができるようになれば、体内の菌糸にもう利用価値はない。ネジバナはいままで育ててもらったラン菌の栄養を吸い尽くし、菌糸を分

ランの種子はラン菌の存在下でしか育たないため、交配や増殖が難しく、庶民にとってランは長らく高嶺の花であった。だが、最近のバイオテクノロジーの進歩により、ラン菌なしでも人工培地で発芽が可能になり(無菌発芽法)、また成長点培養によって大量増殖が可能になったことから、優秀な交配品種が安価で出回るようになった(写真は「東京ドーム・ラン展」)。

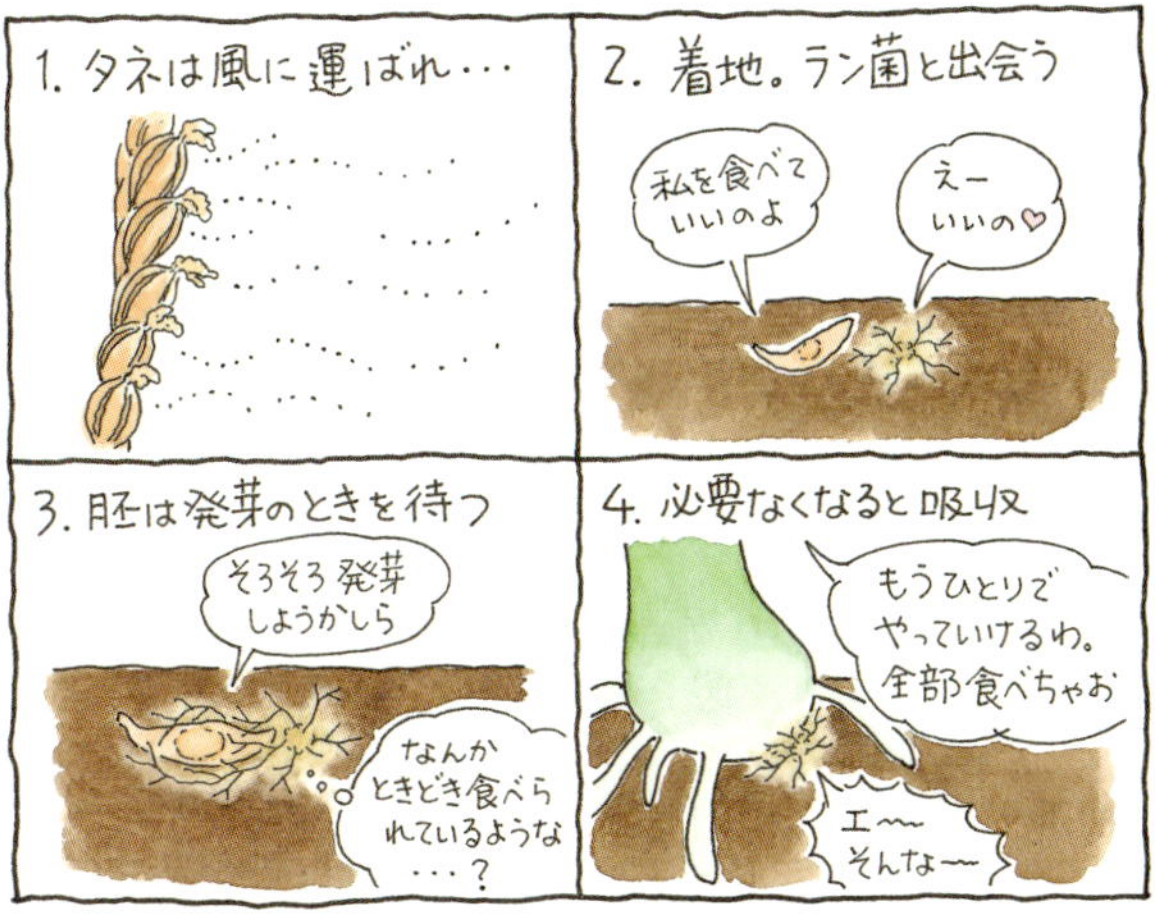

無料より高いものはない——ラン菌の悲劇

解して自分の養分に吸収してしまう、いいかえれば、「食べて」しまうのだ。

ラン菌は、ふだんは土の中の有機物（枯葉や枯れ枝など）を分解しながら独自の力で生きている。ランと「共生」せずとも、ラン菌は生活できるのである。だが、ランはラン菌を利用しなければ生きられない。ランとラン菌の関係において、ラン菌は終始利用されるだけで何の恩恵も受けていない。二者の関係は「共生」ではなく、ランがラン菌に「**寄生**」して一方的に利益を搾取しているといえる。

ランの中には、成長しても緑の葉も出さなければ光合成も行わず、一生をラン菌に寄生し続ける種類もある。このような植物を総称して「菌寄生植物」とか「菌従属栄養植物」と呼んでいる。植物の本分は光合成をすることであるのに、働くことを完全に放棄したかのような、ゆすりたかりの生き方である。緑の葉を出しはしても、部分的にずっと菌類にたかり続けるランもある。

公園の芝生にネジバナの花が愛らしく揺れる。ラジオの音楽を聴きながらのんびり寝っころがっている私の髪を、風が心地よく吹き撫でていく。

「可愛いふりしてあの子、わりとヤルもんだね……」。あみんの歌が流れてきた。

ドクダミの護身術

かつては万能薬だった薬草もにおいのおかげで嫌われもの？
だが、植物のにおいは伊達じゃない。
薬効の素、身を守る楯、そのうえ通信手段にさえなるらしい。

お気の毒だミ

外は雨。ふと、駐車場の片隅に咲くドクダミの花の意外にも清楚な美しさに気づいたのは、そぼ降る雨に心までしっとりと濡れたからだろうか。

日本から東南アジアにかけて分布するドクダミ科の**多年草**。藪《やぶ》陰や薄暗い庭の隅などによく茂る。地下茎で盛んに繁殖し、都会のアスファルトのすき間からも芽を出す逞しさも持ち合わせている。白い花とハート形の葉でおなじみだが、何

ドクダミ　我が家のガレージの隅にもドクダミが茂っている。よく見れば、白い十字の花もスペード形の葉も美しい。1個の花と見えるのは多数の花の集合で、白い花びら状のものは葉から変形した総苞である。

繁殖力の秘訣は地下茎　50cm四方のドクダミをすっかり掘り下げ、娘に手伝わせて地下茎の長さをすべて計ってみると、なんと、地下茎の総延長は31m！　これだけ縦横に地下茎を伸ばしていれば、アスファルトの割れ目からだって芽を出すはずだ。ドクダミは3倍体で単為生殖をするので、手間なくタネをつくるうえに、地下茎を伸ばして広がるので、あっという間に庭を占領されてしまう。

といっても最大の特徴は全体に漂う独特のにおいである。

昔は多くの薬効をもつ薬草として重宝され、「十薬《じゅうやく》」とも呼ばれていた。生葉を火であぶれば化膿傷の貼り薬に。葉を揉んだ汁は虫刺されや蓄膿症の薬になり、痔にも効く。葉を煎じたドクダミ茶には利尿や高血圧予防の効がある。ドクダミの名も「毒にダメを押す」という意味からついたといわれている。人家の周辺にしか見られないのも、人々が常備薬の意味で身近に植えたなごりなのだろう。

しかし、医薬の進歩でドクダミの存在価値は失われた。それどころか、悪臭が災いしてすっかり嫌われものの雑草に堕ちてしまったとは、「なんともお気の毒だミ」としかいいようがない。

先入観なしに見れば、白い十字形の花も、濃緑色のハート形の葉も、美しい。実際に欧米では日陰に適したグラウンドカバーとして庭園などで栽培されることもあり、斑入り葉の園芸品種もつくり出されている。おもしろいことに、欧米ではにおいも気にならない人が多いらしい。

花びらではなく葉の変形

ところで、ドクダミの「花」と書いたが、白い花びらと見えるのは花序に付随した葉が変形した「**総苞**《そうほう》」であって、本当の花びらではない。本物の花はごく小さく、雌しべと雄しべだけの構造で花びらもなく、中央の花軸に多数が集まってつく。花軸の中途にも苞が複数発達して八重咲きになることもある。ドクダミ科は花びらも萼《がく》ももたない原始的な被子植物なのだが、このような八重咲きの出現は「花びら」が進化する過程を示すモデルとして注目されている。もともと葉の変形なので、緑がかった苞がつく突然変異株も見つかる。

白く大きな苞は、本来、虫の注意を惹きつけてたくさん花粉を運ばせるために発達したはずである。実際に東南アジアのドクダミは、虫が花粉を運んで結実する。しかし、日本のドクダミは**3倍体**（染色体の数が普通の1・5倍ある遺伝的系統）で、受粉せずに結実（**無融合生殖**という。28ページ参照）する便利な性質を獲得しているので、せっかくの「花びら」に似せた広告塔もじつは無意味である。

本物の花はこちら。中心の穂に多数が集まっている。1個だけ取り出してみると、先が3つに割れた雌しべと3本の雄しべからなり、花びらも萼もない。

八重咲きのドクダミ　葉と総苞と個々の花につく小さな苞の遺伝的調節が狂うと、多様な「八重咲き」が生まれてくる。

ドクダミの花の突然変異

日本には3倍体の系統だけが存在し、しかも人家の近くに限って生育していることから、おそらくドクダミは本来の自生種ではなく、古い時代に薬用として東南アジアからもたらされた外来植物と考えられる。

においこそ命

さて、特有のにおいの正体は、**デカノイルアセトアルデヒド**という揮発性物質である。二日酔いの嫌なにおいの原因となる**アセトアルデヒド**に似た構造で、もう少し複雑な化学物質だ。

このにおい物質にも大事な意味がある。実験的にこれを抽出して調べてみると、なんと細菌やカビの増殖を抑える働きがあるのだ。この効果を利用して、たとえば冷蔵庫の中をドクダミの葉で拭けばカビ退治ができるし、細菌が関与して生じる冷蔵庫臭もすっかり消える（生の汁は痔にも効くそうだ）。

植物の生存を脅かすのは、じつは虫や草食動物だけではない。病気を引き起こす細菌やカビも大敵である。ドクダミは人類が出現するよりはるか以前から、抗菌・抗カビ物質を発明（？）し、病気から身を守っていたのである。

昔の民間療法も、いま思えばこの抗菌効果を経験的に応用していたわけで、昔の人の知恵にも科学的根拠があったことが証明されたことになる。抗菌抗カビ作用に加えてさまざまな薬効があり、しかも花も葉も美しく、おまけに葉を天ぷらにして食べたりもできる（ただし、多少のにおいは残るので、人によって好き嫌いがある）と聞けば、ドクダミの価値を見直していただけただろうか。

植物のにおいの効用

植物のにおいは、種類によってじつにさまざまである。市街地のフェンスによくからんでいるヘクソカズラは「屁糞葛」で、葉を揉むとくさい。このにおい成分は**メルカプタン**という揮発性ガスである。

園芸植物のマリーゴールドのきついにおいの成分には、植物を害する**ネマトーダ**（根瘤線虫《ねこぶせんちゅう》）を殺す働きがあることが知られている。ダイコンの産地として有名な三浦半島を夏に訪ねるとあちこちにマリーゴールド畑が広がっているが、こ

パクチー　カメムシ臭に似た独特のにおいの香味野菜。

トベラ　葉の悪臭が鬼を払うと節分に飾る地方もある。

コクサギ　ミカン科。光沢のある葉に強い臭気がある。

クサギ　葉や茎にゴマに似た強い香りがあり「臭木」。

くさい葉っぱ、あつまれ！

ヘクソカズラ　名が体を表す、くさいにおいの代表格。

マリーゴールド　庭に植える花だが、葉は強くにおう。

キケマン　茎葉は傷つくと悪臭のある黄色い汁を出す。

マツカゼソウ　ミカン科の野草で、独特の悪臭がある。

れは畑にマリーゴールドを植えてダイコンのタネまき前に鋤き込めば、農薬なしでもネマトーダの害を防ぐことができ、まっすぐで健康な大根が収穫できるからだ。

ネギ類やニラ、ニンニクを家畜や犬や猫やハムスターなどのペットが多量に食べると、赤血球が破壊されて重い貧血や腎臓障害を起こす。生はもちろん、加熱済みでも不可。飼い犬にシチューの残りを食べさせて中毒した例もある。原因は、この仲間に共通するにおい成分の硫化アリル類で、これも動物に植物体を食われないための化学防御の一例である（ただし、人間はもっている酵素が違うので心配はないし、逆に食欲を刺激したり細胞を活性化したりとよいこと尽くめというのでご安心を）。

森林浴も、樹木が放つ香り（フィトンチッド）を胸いっぱい吸い込むと心身の健康にいいというもの。**テルペン類**などから成るこれらのにおい成分も、もともとは細菌やカビや昆虫などに対する植物の防衛物質のひとつである。

私たちの鼻に届くにおいがすべてではない。人間の嗅覚の範囲の外にも、さまざまなにおい物質が植物から発せられている。

おもしろい研究を紹介しよう。マメ科植物のリママメは、葉の汁を吸うハダニの食害を受けると、葉の成分が化学的に変化し、においが微妙に変わる。ハダニの**天敵**の肉食ダニは、変化したにおいを嗅ぎつけて、ハダニを食べにやってくる。いいかえれば、リママメはハダニに襲われると葉のにおいを変化させて天敵の肉食ダニを呼び寄せる。においの「SOS信号」を出して身を守るのである。

もっと驚くことがある。仲間のSOS信号を傍受したリママメは、まだ自分が無傷であるにもかかわらず、自分も葉のにおいを変化させてSOS信号を出し始め、あらかじめ天敵ダニを呼んでハダニを迎撃するという。におい物質を介在として、なんと植物同士の情報交換（！）が行われているというのだ。

研究が進むにつれ、ほかにも意外に多くの植物がにおいを情報手段として利用しているらしいとわかってきた。ただ静かに佇んでいるように思える植物の世界も、私たちが思っている以上にアクティブな情報社会なのかもしれない。

動かない植物は受け身に生きているように見える。でも実際は、化学物質を手に、果敢に外敵に立ち向かっていた。そんな植物の素顔を、私たちは知り始めたばかりである。

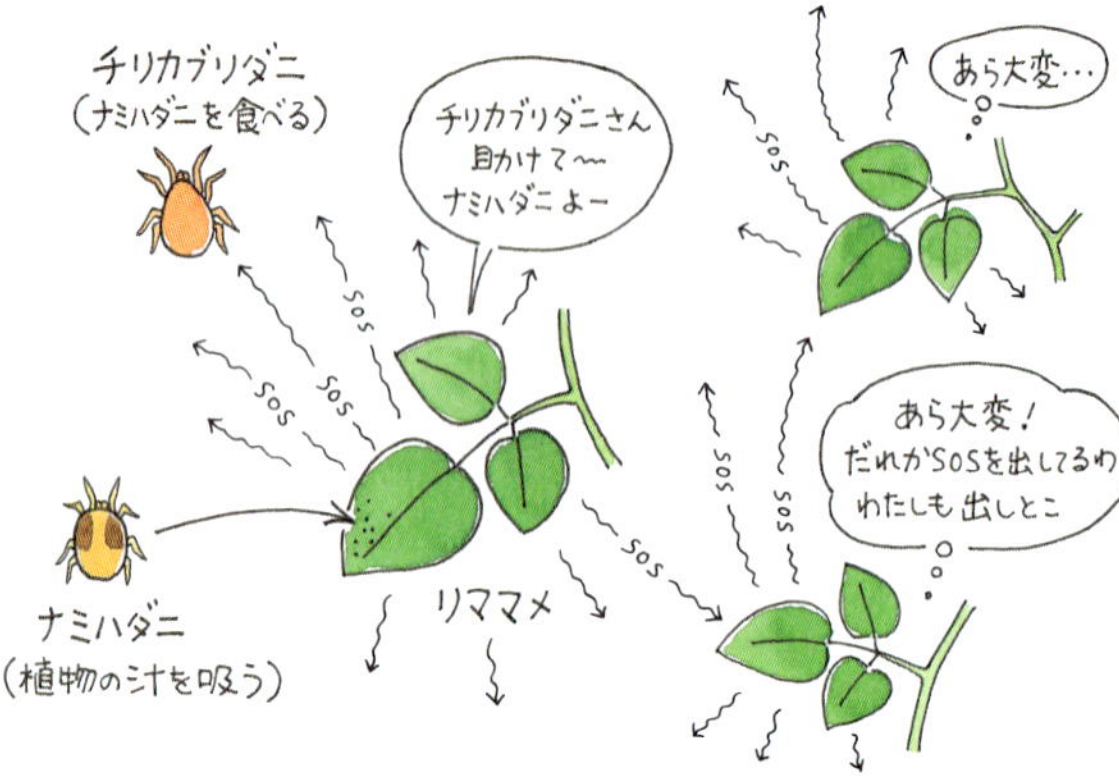

伝言ゲームより正確？——においネットワーク

「キャベツはイモ虫に食われるとにおいを変化させてイモ虫の天敵のハチを呼ぶ」という研究も話題になった。イモ虫の唾液等がキャベツのにおいを変化させるという。

別の書き方にしてみる。「イモ虫の天敵のハチは、イモ虫そのものではなくイモ虫に食われたキャベツに特有のにおいを手がかりにえさのイモ虫を見つけ出す。」

この方がわかりやすいが、インパクトは減る。何を主語にしてどう表現するかによって、同じ内容でも印象は全く違ってくるのだ。

じつはこの研究のミソは違うところにある。変化したにおいの量は食害の程度によらず一定であったという。すなわち、キャベツが自らにおいを発生させたことになり、「呼ぶ」という表現も言い得て妙となる。

ミズバショウ（白い花）とザゼンソウ（茶色の花） どちらもサトイモ科の多年草。ドクダミとは遠縁だが、ともに目立つのは苞で、本物の花は中央の軸に多数集まってつく。ミズバショウの花はよい香り、ザゼンソウの花は悪臭だ。

真夏の夜の夢　オオマツヨイグサ

濃紺の夜にぽっかりと浮かぶように咲くオオマツヨイグサ。
真夏の夜にはかぐわしく咲く淡い色の花が多い。
闇の中で、繰り広げられる豊饒な生命の饗宴とは。

花は夜開く

夕方が夜に変わる刻。車のライトの中で、クリーム色のつぼみがまるで早送り画像のように一気にほぐれた。開ききるまで、わずか数分。見る見る間に、花びらや雄しべの隅々に生気がみなぎってゆく。

花の名はオオマツヨイグサ。北米原産のアカバナ科の二年草。マツヨイグサの仲間にはオオマツヨイグサのほか、マツヨイグサ、コマツヨイグサ、メマツヨイグサなど数種があり、いずれも故郷のアメリカ大陸から渡来して空地や河原などに野生化している。月見草とも呼ばれるが、本物のツキミソウは花が白い別の植物である。

花は咲くタイミングをどのように計っているのだろうか。花は暗くなると咲く。ならば、と箱をかぶせて早めに暗くしても、やはり日没すぎに咲く。暗い中に1日以上おいても夕方になれば咲く。

つまり、オオマツヨイグサは体内に「**生物時計**」すなわちバイオリズムをもち、咲くべき時刻を把握しているのだ。

しかし、夕方以降も明るい照明を浴びせ続けると、花は咲かない。生物時計が「夜」の周期に入った上で、「暗い」と認識されたときにはじめて、花が開くのである。

でも、目の見えない植物がどのようにして光の明暗を認識するのだろうか。明暗を見きわめる「目」はつぼみを包む萼《がく》の基部にある。光の有無で変化するフィトクロムという物質を「光センサー」として、つぼみを開かせる「スイッチ」が

富士山には月見草がよく似合う。太宰治がそう評したのは、夕暮れに咲く**オオマツヨイグサ**であろうといわれている。

17 時 51 分 48 秒

17 時 50 分 46 秒

17 時 50 分 24 秒

花が開くさまには感動する。あたりが暗くなる時刻、つぼみはみるみるほぐれ、ぱらりと広がる。わずか1分半の間に。

ヤガの仲間も。蜜を吸った後の蛾の口吻は花粉まみれ。

花の客は夜に飛ぶ蛾の仲間。中でも常連はスズメガたち。

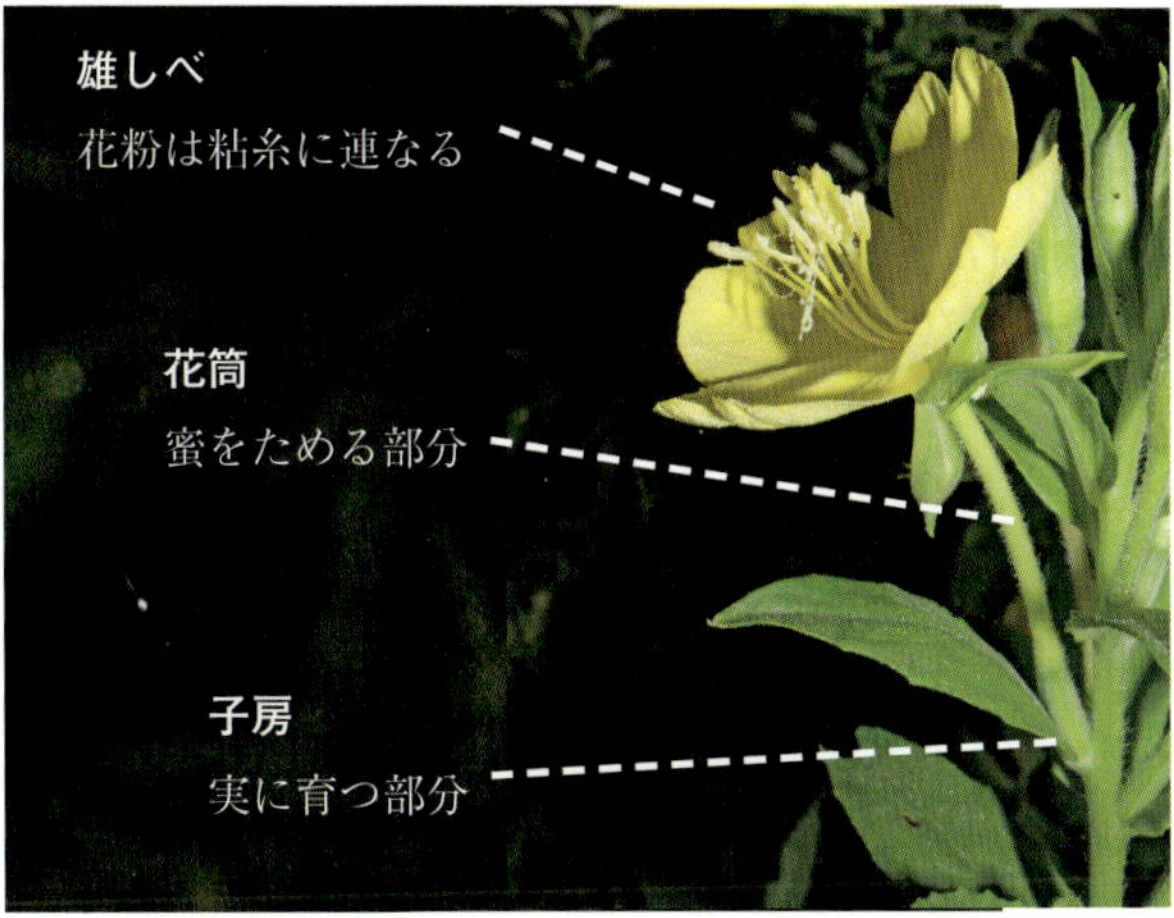

内蔵されているのである。

蛾との専属契約ゆえに

夏の夜の草むらは生き物の気配に満ちている。光の空間を飛び回っていたハチやハナアブやチョウに代わって、いまは夜行性の蛾や甲虫たちが闇の空間をひそやかに飛び回る。

オオマツヨイグサの花にも甘い蜜を求めてヤガ（夜蛾）やスズメガ（雀蛾）の仲間が訪れる。花は闇に芳香を漂わせ、月明かりに淡い色調の花を浮き立たせて、蛾をいざなう。

花の基部は細い筒となって蜜をためている。スズメガがまるでハチドリのように停空飛翔しながら長いストロー状の口を差し込むと、待ち受けていた雄しべの花粉が細い糸に連なって蛾の口にまとわりつき、次の花へと運ばれる。

オオマツヨイグサの花は、虫たちをめぐる昼の花たちの誘致合戦を避けて夜を選んだ、といってもいい。蛾をターゲットに、花は闇に咲く。

カラスウリやオシロイバナも蛾をターゲットとする夜の花である。芳香や、白、淡黄色といった闇に浮き立つ色も、視覚の利かない夜に咲く花の多くに共通する特徴である。

闇に命輝かせて

オオマツヨイグサの花は一夜限り。朝にはしぼみ、翌夕は新たな花が咲く。夏の間、花は次々に咲いてはカプセル形の実を結ぶ。

晩秋、枯れ茎の上でカプセルは裂け、無数のタネを風に散らす。タネは翌春に芽を出すと、葉を地表に広げた**ロゼット**（190ページ参照）となってその年を過ごす。ロゼットの多くは翌年に花茎を立てて繁殖活動に入り、タネを残して枯死する。このように、2年目に実を結ぶと枯れてしまう植物を二年草と呼ぶ。

だが、オオマツヨイグサの場合は、環境（たとえば栄養が極端に乏しい砂丘など）によっては開花までに5～6年をロゼットのまま過ごすことがわかっている。そのため、必ず2年目に開花する植物と区別する意味で「**可変的二年草**」と呼ぶ

チャンスは寝て待つマツヨイグサ類の種子

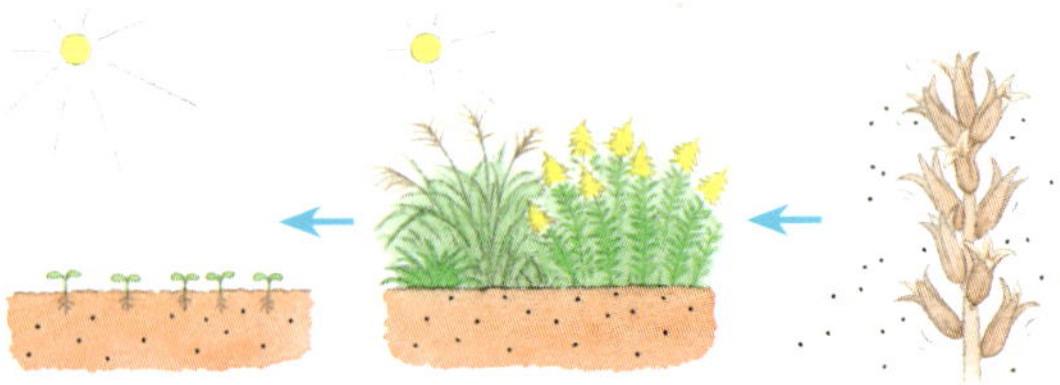

地上の植物が一掃され、光が届くと、芽を出す。

植物が茂って地面が暗いうちは何十年でも眠る。

草が枯れる冬を待って、大量の種子が風に散る。

帰化雑草のメマツヨイグサ
河川改修、宅地や農地の開発、伐採といった人間活動は格好のすみかを提供する。

幼植物はロゼットで過ごす
芽生えた最初の年は、葉を地面に放射状に広げたロゼットの形で過ごす。だから地表に光が届く明るい更地が大好きだ。写真はメマツヨイグサのロゼット。

夜の蝶（つまり蛾）で賑わうカクテルバー

香りがよくて細い花筒を持つ花は、夜の客を待っている。

スイカズラ

ネムノキ

オシロイバナ

カラスウリ

ハマユウ（ハマオモト）

クサギ

ことである。

開花まで数年を生きたオオマツヨイグサも、花を咲かせて命を次世代につなげば、親植物にはもう生きる余力は残されていない。親植物はエネルギーをすべてタネに注ぎ、自らは死を迎えるのだ。死と引き換えの繁殖。少しでも多くタネをつくろうとする植物の、これもひとつの選択肢なのだろう。

ちなみにロゼットから繁殖への切り替えは年齢ではなく、サイズで決まる。だからこそ「可変」になる。ロゼットの葉面積があるレベルに達すると、繁殖という「死のダイブ」に向け、あともどりできない運命のボタンが押されるのである。

甘い香りを放ちながら、ただ一夜の夢に生きる真夏の夜の花。生死を分かつ闇に向けて、花は命を輝かせる。

イヌビワの花中綺譚

イヌビワの閉ざされた花の中は会員制のリゾート保育室。
ＶＩＰ会員のイヌビワコバチは手厚いもてなしを受けつつ子育てに専念。
しかし、そこには悪魔の二者択一が……。

花にひそむ住人

紺碧の空、弧をなす無限の水平線。夏の海は都会に疲れた心を解き放つ。強烈な日射が亜熱帯を思わせる海辺の林で、イチジクに似て小ぶりの実を見つけた。イヌビワである。本州関東以西、四国、九州、沖縄の暖かい地域に生育する**落葉樹**で、海岸や道路際の藪などに多い。

クワ科イチジク属。観葉植物のベンジャミンやインドゴムノキは同属。釈迦が

食
雄の虫癭花嚢
（食べられない）

食
雌の熟果
（食べられる）

雄の花嚢

雌の花嚢

雄花嚢

雌花嚢

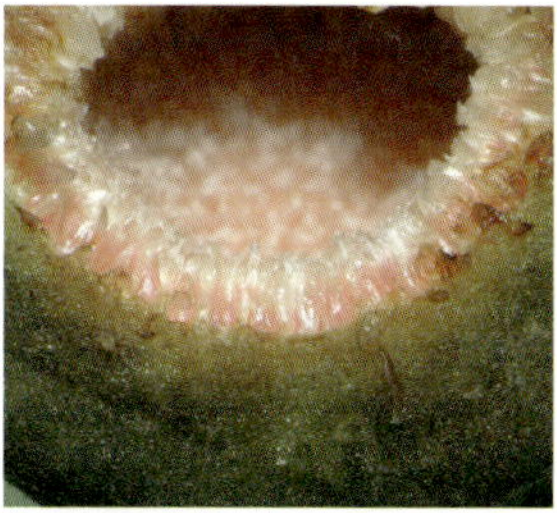

雄花嚢断面

雌花嚢断面

成熟した雄花嚢の断面

熟した果実の断面

その下で悟りを開いたというインドボダイジュもこの仲間。屋久島や沖縄に自生するガジュマル（秋冬篇「ガジュマル」参照）も同属の仲間で、**気根**でほかの木を縛って枯らす「**絞め殺し植物**」になることもある。

イチジクは「無花果」と書く。花無しで実になるという意味だが、じつは、未熟な「実」に見えるのが花である。正確には、多数の花が軸につき、その軸が肥大して花の集まりを包み込んだ形の「**花嚢**《かのう》」である。

イヌビワの花も同じ構造だが、木には雌雄があり、雄株には雄の、雌株には雌の花嚢がつく。雄株から雌株へ花粉を運ぶのが、本章のゲスト出演、イヌビワコバチである。

梅雨の頃、イヌビワの雄株の花嚢は次々に赤く色づいては大きく膨らみ、先端に円く口を開く。触れると柔らかくゴムまりのような弾力があり、どことなくなまめかしい。雄の花嚢をひとつ割ってみた。すると、どうだ、ものの30秒と経たぬ間に、小さな黒い羽虫が一斉に蠢《うごめ》き出すではないか。

これがイヌビワコバチの♀である。体長2㎜弱。花嚢の中で育った幼虫が蛹《さなぎ》を経て羽化を始めたのだ。その数およそ30。

よく探せば茶色い♂も数匹いる。♀のハチより一足早く羽化した彼らの唯一の使命は、交尾。翅は退化していて最初からない。発達しているのは、頑丈な前脚と交尾器。♂バチたちは競争で這いずり回り、まだ羽化前で身動きできない♀バチたちと次々に交尾する。

酒池肉林の男冥利と思うのは早計である。なぜなら、それが♂バチの最期だからだ。♂バチは外の世界を見ぬまま、花嚢の中で短い一生を終えるのだ。

一切の修飾を排除した究極の雄と雌の関係がここにある。イヌビワの花嚢という特異な閉鎖空間で命をつなぐ彼らの、それが進化の末に辿りついた配偶形態だったのだろう。

雄株か雌株か——究極の選択

中の騒ぎが鎮まる頃、イヌビワは花嚢の口を開く。すると内部の酸素濃度は急激に上昇し、それが引き金となって♀のハチの羽化が促される。花嚢の中では雄

イヌビワの若い花嚢に入ろうとするイヌビワコバチ♀ コバチは花嚢の先端の鱗片をかき分けて内部に潜り込む。この時、翅はもげてしまう。若い花嚢は雄株雌株とも同じ外見で区別できず、コバチは両方に入り込む。

イヌビワ雄花嚢の内部の虫癭花（虫こぶの花） 雄花嚢内の花はコバチの餌用に作られていて、コバチの幼虫は花の内側から花を食べて成長する。黒く透けて見えるのは羽化前のコバチの体。(写真左、左下、右下　田中肇)

羽化したイヌビワコバチ♂

羽化したイヌビワコバチ♀

イヌビワとイヌビワコバチの不思議な共生関係

イヌビワ雄株の虫癭花嚢の内部
赤く膨らんだ花嚢を切ってみた。一斉に羽化が始まる。黒くて翅があるのはイヌビワコバチ♀。

虫癭花嚢の出口で雄花が**花粉**を出す。

イヌビワオナガコバチは花粉を運ばない寄生者で、長い産卵管を外から突き刺す。

雄株の越冬花嚢

花が花粉を一斉に放出し、♀のハチは花粉にまみれながら明るい外界へと次々に飛び立っていく。

♀のハチはひたすらイヌビワの木を探しながら飛行を続け、産卵に適した若い花嚢を見つけると、閉じた口の弁を強引にかき分けて中に入り込む。このとき、♀バチの翅《はね》はたいてい弁に引っかかって抜け落ちてしまうが、彼女は傷を厭《いと》う風もない。産卵に臨む彼女に、すでに翅は必要ないからだ。

このとき、花嚢が雄株のものであるか、雌株のものであるかによって、彼女と腹の卵たちの運命は天国と地獄ほどに違ってくる。

その花嚢が雄株のものであれば、彼女は産卵できる。雄株の花嚢の中には雄花のほかに、ダミー雌花（**虫癭花**《ちゆうえいか》）があるからだ。ダミー雌花は雌花に似ているが実を結ぶ能力はなく、雌しべが短いので彼女の産卵管はたやすく奥に届く。

これはじつは、イヌビワコバチ専用の花なのだ。幼虫はそれぞれひとつずつ花をあてがわれ、柔らかくて美味しい内部組織を食べて育つ。雄株のイヌビワは親切にも保育室と離乳食まで用意していたのだ。

こうしてイヌビワコバチは次々とイヌビワの雄株の花嚢を借りて次世代を育てる。一方、イヌビワの雄株は、葉が落ちる冬の間も枝先に花嚢をつけ続け、幼虫の越冬場所を提供してイヌビワコバチの存続を助ける。

では、雌株の花嚢に入った♀のハチは、どうなるか。彼女は産卵できない。雌花の雌しべは細く長く、産卵管を突き刺そうにも奥に届かないのだ。産卵場所を探して花嚢の中を迷い歩くうち、体につけて運んできた花粉が雌しべの柱頭につく。

こうしてイヌビワはまんまと受粉に成功する。受粉に貢献した♀のハチは、しかし、自身の卵は腹に残したまま、雌花嚢の中で命を落とす。

すべてはこのためだった。保育室も離乳食もウィンターリゾートも、すべては運の悪い犠牲者に花粉をうまく運ばせるための策略、偽りの親切だったのだ。

そして秋、イヌビワの雌株に実が熟す。黒紫色に熟した実はとろりと蜜を滴らせ、口に含むとねっとり甘い。昆虫を操って実を結んだイヌビワは、今度は小鳥や動物を誘惑してわざと食べられ、種子を遠方に排泄させることで、子孫を残す

イヌビワコバチの天国と地獄

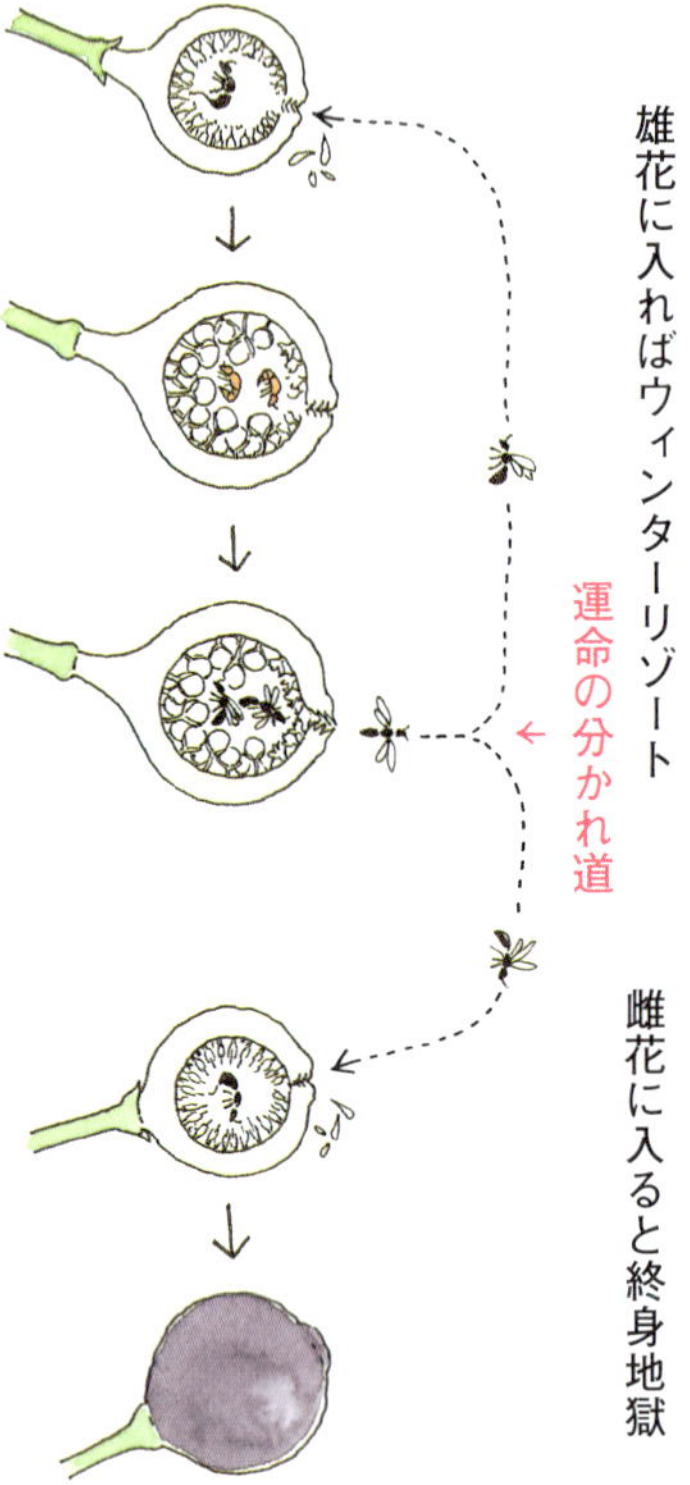
雄花に入ればウィンターリゾート
運命の分かれ道
雌花に入ると終身地獄

♀はめでたく産卵。保育室と離乳食つき。冬の間もぬくぬく過ごす。

一足先にコバチの♂が羽化。羽化する前の♀と交尾すると死亡する。

コバチの♀が羽化。花粉をたっぷりつけて外の世界へ飛び立つ。

♀は産卵できない。うろたえて動き回る間に花は受粉。♀は死亡。

まんまと受粉に成功したイヌビワが、つややかに甘く熟し、鳥や動物の食欲を誘う。

イヌビワの仲間――もれなくコバチつき！

イチジク属は世界に約850種。その全てにそれぞれ共生コバチが存在する。イチジク属の進化系統図とコバチのそれはぴたりと重なる。

ガジュマル　同属で巨大な気根を垂らす（円内は花嚢）。

ギランイヌビワ　大木になり、幹に直接、花嚢がつく。

企みを完結させるのだ。

イヌビワとイヌビワコバチは互いの存在なくしては生きられない。イヌビワはイヌビワコバチがいなければ実を結ぶことができず、イヌビワコバチもイヌビワがいなければ死に絶えてしまうのだ。

地球上に存在するイチジク属植物は約８５０種、そのすべてがそれぞれの専属コバチと１対１の関係を結んでいる。

が、そんな運命共同体の間柄の中にも、無償の奉仕は存在しない。奉仕の陰で常に自らの利益を追求し、ときに代償は無為の死であった。

自らの利益のためにだけ生きよ。それが自然界の鉄則なのである。

ヘクソカズラの香り

愛らしい花に似合わぬ香りを身にまとうヘクソカズラの真意とは?
植物がはりめぐらせる知略の罠。それを逆手にとる昆虫たちの抜け目なさ。
生存競争の遁走《フーガ》曲はどこまで続く……。

乙女たちの化学防衛

残暑の街。線路際のフェンスでは、赤と白の釣り鐘の花が、つるいっぱいに咲いている。

愛らしい花だが、名は気の毒にも「屁糞葛」。そっと嗅ぐだけではわからないが、花や茎葉を指先で揉むと、おならに似た強烈なにおいが鼻をつく。野山や道

花の断面　雌しべは長い糸状、雄しべは短く内壁につく。花の内部や開口部は長い腺毛、外側は粒状の毛に覆われる。

秋に熟す実　実は光沢のある茶色に熟し、つぶすとくさい。1個の実に2個の種子ができ、鳥が食べて種子を糞に出す。

端に多いアカネ科の**多年草**で、柔らかな毛の生えた茎で藪や垣根に巻きつく。

花の中心の赤をお灸《きゅう》の火と見立ててヤイトバナ（灸花）、花の形を若い娘の早乙女笠に見立ててサオトメバナ（早乙女花）など、優雅な名もなくはない。普通、多年草とされるが、つるの一部は年を経て木質化することもある。つるは強くしなやかなので、昔は柴（焚きつけに使う小枝）を束ねるのに使われた。実の搾り汁はひびやあかぎれの民間薬にされた。

花期は8〜9月。花筒の中には細い毛が密集している。花は確実に花粉を運んでくれるハチにだけ報酬の蜜を支払い、行動範囲が狭く、花粉や雌しべに触れずに蜜を「盗む」アリに対しては毛のバリケードで侵入を妨げるのだ。

こうして秋にはつぶらな実が金色に熟す。鳥が実を食べてタネを運ぶが、それほど人気（鳥気？）はないようで、冬になっても枯れたつるに残っている。

さて、悪臭の元凶は**メルカプタン**という揮発性のガスである。葉がちぎられたりして細胞が傷つくと、細胞中に含まれる**ペデロシド**という硫黄化合物が分解してメルカプタンを生じ、独特のにおいをまき散らすのだ。

このペデロシドという成分は、昆虫が嫌う成分（**忌避物質**）として機能する。ヘクソカズラはこれを植物全体に大量に蓄えているので、葉を食べたり茎の汁を吸ったりする虫もなかなか寄りつかない。外敵から身を守るための、ヘクソカズラの「化学防衛」である。

昆虫たちの化学利用

ところが、この無敵の防衛ラインをも打ち破る手強い敵が存在する。

ヘクソカズラヒゲナガアブラムシという長い名の小さな、しかし目立つオレンジ色をしたアブラムシは、平気でヘクソカズラの汁を吸うばかりか、ペデロシドを排泄も分解もせずにそのまま自分の体にため込んでしまう。食べた中から特定の成分だけを体内に蓄積（**選択蓄積**）するのである。その結果、このアブラムシは多量のペデロシドを含んでとても「まずい」ので、**天敵**のテントウムシにも襲われずに済む。植物の防衛物質をちゃっかり自分の防衛に利用しているのである。

この虫の目立つ色彩は、自分がまずくて危険な存在であることを誇示する「**警

ヘクソカズラの花とお客さん

花は蜜を出して虫を友好的に招待し、花粉を運ばせる。

トラマルハナバチ　力強くつかむので花がひしゃげた。

ハナバチの一種　花にすっぽり潜り、花粉をよく運ぶ。

チャバネセセリ　口が細いので花粉をあまり運ばない。

キチョウ　愛らしい客だが花粉運びの効率は疑問符。

ヘクソカズラを食べる敵

植物体に化学兵器を配備するも、防衛は完ぺきではない。

ヘクソカズラヒゲナガアブラムシ　葉の汁を吸う難敵。

チャイロハバチ幼虫　集団で葉を食べて丸坊主にする。

ヒメホシホウジャク幼虫
蛾の幼虫で葉や茎を食べる。

ヘクソカズラツボミタマバエ
幼虫はつぼみに虫癭をつくる。

戒色（警告色）」である。まずい虫を食べて嫌な目にあった敵は、相手の特徴を覚えて次からはその虫を避けるようになるが、このとき目立つ色をしていた方が敵に与える印象が強烈でよく覚えてもらえるのだ。スズメバチやスカンクの派手な体色も警戒色である（スカンクの敵は色の識別が不得手な哺乳類なので、目立つ色ではなく白黒の目立つパターンとなっている）。

よく似た関係は、キョウチクトウ科の植物トウワタと、北米産のマダラチョウ科の蝶であるオオカバマダラ（英名モナーク）との間にも存在する。有毒な乳液で防衛するトウワタを、オオカバマダラの幼虫はむさぼり食い、毒を体に蓄えて成虫に持ち越す。幼虫も成虫も派手な警戒色をまとい、鳥も食べようとしない。この蝶には集団移動・集団越冬という特異な習性があるが、これも体に毒をもち、群れることで警戒色を強調する効果があるからこそ進化し得たはずである。

日本にもオオカバマダラの仲間がいる。南西諸島に分布するカバマダラとスジグロカバマダラもトウワタなどを食べて育つ。幼虫も成虫も毒を体に蓄えており、集団越冬する習性も同じである。おもしろいことに、南西諸島にはカバマダラに似たメスアカムラサキという蝶がいて、こちらはタテハチョウ科に属して無毒なのだが、色彩や模様ばかりか、ふわふわした飛び方までカバマダラにそっくり。つまりカバマダラを「**擬態**」して、捕食を免れているのである。虎の威を借る狐、といったところか。

アサギマダラの食草は、トウワタと同属で有毒な乳液をもつキジョランやイケマなどだ。幼虫はこれらの葉に特徴的な丸い食痕を残す。なぜ丸いのか。東京の高尾山でその現場を目撃して、なるほど、と唸った。幼虫は尻を中心点として、頭でコンパスのように円を描きながら、葉の表面を噛んでは傷をつけて乳液を流れ出させる（トレンチング行動という）。そして乳液が白く乾いて固まるのを待って、円の内側を食べるのだ。若齢幼虫は食草の毒を軽減しながら少しずつ食べて、体を慣らしていくのである。二度脱皮する頃には体も毒に慣れ、葉を端からもり食べるようになって蓄積量もぐんと増す。アサギマダラもオオカバマダラと同様に長距離移動を行い、海を越えて沖縄や台湾で越冬する。

ほかに選択蓄積の例として、ウマノスズクサとジャコウアゲハ、リュウキュウ

トウワタ

オオトウワタ

オオカバマダラの食草は有毒な乳液を持つトウワタ（写真上）やオオトウワタ（同下）。植物の毒を体に蓄え、自らも外敵から身を守る。

ブルージェイ VS. モナーク

オオカバマダラ（写真左）は毎年アメリカ北部からメキシコやカリフォルニアまで3800kmの長旅をし、5000万頭もの大群で越冬する。近年は除草剤や森林伐採などで数が減少している。

アサギマダラ幼虫の丸い食痕　キジョランの葉に丸い食痕を発見。裏返すと、１齢幼虫がコンパスのように体を回転させて葉に傷をつけているところだった。

アサギマダラ　毎年秋には本州から海を越え沖縄や台湾まで渡りをする美しい蝶。幼虫はキジョランなどを食べてその毒を蓄積する。雄成虫はヒヨドリバナの蜜を性フェロモンの原料として摂取する。

２齢幼虫も発見。同様に丸く傷をつけ、流れ出た乳液が白く乾くまでしばらく待ってから葉を食べる。

ウマノスズクサとベニモンアゲハ、アセビとヒョウモンエダシャクなどがある。そのいずれにも無毒の擬態種がいるのがおもしろい。昆虫の世界も奥が深い。

軍拡は果てしなく……

ところで、植物の毒を打ち破る方法は、選択蓄積に限らない。昆虫によっては解毒機能を進化させたり、毒のある部位を巧妙に避けたり、合成に光を要するタイプの毒に対しては葉を巻いて毒を避けたりと、対応もさまざまである。

もしも、ほかに食べる虫がいない植物を独占できれば、競争のしがらみから抜け出ることができ、その虫は圧倒的に有利になるだろう。だから、植物が化学防衛を進化させれば、虫もその防衛を突破する手段を編み出そうとする。昆虫たちもまた、生きていくために必死なのだ。こうして、いたちごっこの「軍拡競争」は際限なくエスカレートしていく。

いまのところ、ヘクソカズラとアブラムシの対決は虫の側の勝ち、と見える。しかし、まだ勝負が終わったわけではない。

南米原産のトケイソウは、青酸化合物を含む葉を食べて毒を選択蓄積するドクチョウに対して、新たな防衛機構を進化させている。ドクチョウの卵にそっくりな突起を葉柄につけたのだ。

産卵に訪れた母蝶は、すでに仲間の誰かが卵を産みつけたと勘違いし、産卵をあきらめて飛び去ってしまう。ドクチョウの幼虫は大食漢であるばかりでなく共食いの性質をもっているため、あとから孵化した幼虫には育つ見込みがまったくないからである（トケイソウの成分を取り込んだ幼虫は、他個体からみれば「トケイソウ」として認識され、摂食行動が引き起こされる）。

トケイソウはチョウの卵を「擬態」したのである。というと、植物があたかもチョウの卵を見て真似したように聞こえるが、そうではない。その突起はもともと「花外蜜腺」として葉柄についていた。それがたまたまドクチョウの卵の形に似ていて、チョウが重複産卵を避けたことから、適応選択を経て、より似たものへと磨き上げられてきたのだ。

食べようとする虫と、食べられまいと身を守る植物。戦いは果てしなく続く。

ジャコウアゲハ VS. ウマノスズクサ

ジャコウアゲハの腹は赤と黒の目立つ警告色。

ウマノスズクサはアリストロキア酸というアルカロイド毒を作り出し、身を守っている。しかしジャコウアゲハはその毒に打ち勝ち、逆に毒を蓄積しつつ目立つ警告色をとることで天敵の鳥から身を守る。

アゲハモドキはジャコウアゲハに擬態した蛾（無毒）。

ジャコウアゲハの蛹

ジャコウアゲハの幼虫

セイヨウオトギリソウ
ヨーロッパ原産で、北米や日本に帰化。光に当たることで合成される毒成分をもち、皮膚炎の原因になる。イギリスで顔の黒いヒツジが飼われているのはこの草の誤食への対策である。若葉を巻いて光の当たらない内側の葉を食べることでうまく毒を免れている虫もいる。

写真上：トケイソウの一種の葉　葉柄の部分に虫の卵によく似た黄色い蜜腺がある。
写真左：オオミノトケイソウの花　時計の文字盤を思わせる複雑な構造をしている。

本書は、ＳＣＣより刊行された『したたかな植物たち――あの手この手の㊙大作戦』（二〇〇二年四月）の前半部を採録しました。文庫化にあたり再編集しています。

身近な雑草の愉快な生きかた　稲垣栄洋　三上修・画

名もなき草たちの暮らしぶりと生き残り戦術を愛情とユーモアに満ちた視線で観察、紹介した植物エッセイ。繊細なイラストも魅力。（宮田珠己）

身近な野菜のなるほど観察録　稲垣栄洋　三上修・画

「身近な雑草の愉快な生きかた」の姉妹編。なじみの多い野菜たちの個性あふれる思いがけない生命の物語を、美しいペン画イラストとともに。（小池昌代）

身近な虫たちの華麗な生きかた　稲垣栄洋　小堀文彦・画

地べたを這いながらも、いつか華麗に変身することを夢見てしたたかに生きる身近な虫たちを紹介する。精緻で美しいイラスト多数。（小池昌代）

身近な野の草　日本のこころ　稲垣栄洋　三上修・画

日本の里山や畔道になにげなく生えている野草は、食用や染料としていつも私たちのそばにあった。50種を文章と緻密なペン画で紹介。（岡本信人）

身近な生きものの子育て奮闘記　稲垣栄洋

子育てに関心を持つ男親「イクメン」は実は人間だけではない。太古の昔から魚も鳥も恐竜も、オスが子育てに参加してきた。動物たちの育児に学ぼう！

パンダの死体はよみがえる　遠藤秀紀

パンダの「偽の親指」は間違いだった。通説を疑い、動物の遺体に真正面から向き合うことによって「遺体科学」の可能性を探っていく。（星野博美）

増補　ゾウの鼻はなぜ長い　加藤由子

動物には不思議がいっぱい。「ネコの目はなぜ光る？」「動物は汗をかくの？」など、動物たちが生き残りのために身につけた驚きの生態を楽しく解説。

増補　へんな毒　すごい毒　田中真知

フグ、キノコ、火山ガス、細菌、麻薬……自然界にあふれる毒の世界。その作用の仕組みから解毒法、さらには毒にまつわる事件なども交えて案内する。

ドングリの謎　盛口満

ドングリって何？　食べられるの？　虫が出てくるのはなぜ？　拾いながら、食べながら考えた「ドングリの謎」。楽しいイラスト多数。（チチ松村）

ニセ科学を10倍楽しむ本　山本弘

「血液型性格診断」「ゲーム脳」など世間に広がるニセ科学。人気SF作家が会話形式でわかりやすく教える、だまされないための科学リテラシー入門。

ちくま文庫

したたかな植物《しょくぶつ》たち
あの手《て》この手《て》の㊙大作戦《だいさくせん》　春夏篇《はるなつへん》

二〇一九年三月十日　第一刷発行

著　者　多田多恵子（ただ・たえこ）
発行者　喜入冬子
発行所　株式会社　筑摩書房
東京都台東区蔵前二―五―三　〒一一一―八七五五
電話番号　〇三―五六八七―二六〇一（代表）

装幀者　安野光雅
印刷所　凸版印刷株式会社
製本所　凸版印刷株式会社

ISBN978-4-480-43572-9　C0145